AF357442

MÉMOIRES

DE

J.-B. BOUSSINGAULT

TOME PREMIER

(1802-1822)

PARIS

TYPOGRAPHIE CHAMEROT ET RENOUARD

19, RUE DES SAINTS-PÈRES, 19

1892

MÉMOIRES

DE

J.-B. BOUSSINGAULT

—

TOME PREMIER

(1802-1822)

Cet ouvrage a été tiré à 300 exemplaires
numérotés à la presse.

Nᵒ

J. B. BOUSSINGAULT

MÉMOIRES

DE

.-B. BOUSSINGAULT

TOME PREMIER

(1802-1822)

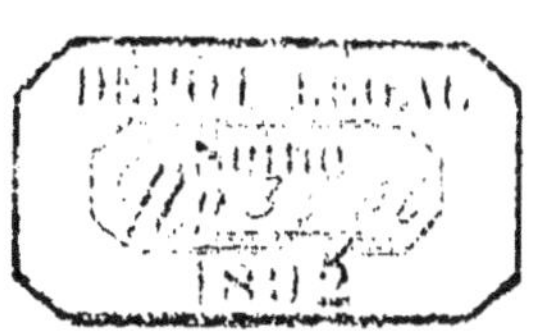

PARIS

TYPOGRAPHIE CHAMEROT ET RENOUARD

19, RUE DES SAINTS-PÈRES, 19

1892

AVIS DE L'ÉDITEUR

Ces mémoires ont été rédigés par J.-B. Boussingault, sur la fin de sa vie, d'après ses souvenirs et ses notes.

Ils n'étaient pas destinés à être publiés.

Ils ont été tirés à trois cents exemplaires numérotés pour être offerts aux amis de l'auteur.

MÉMOIRES

DE

J.-B. BOUSSINGAULT

Mes plus vieux souvenirs me reportent dans une maison que j'ai su depuis être dans la rue Saint-Louis (au Marais), là où se trouve actuellement l'église Saint-Denis. C'était un ancien couvent, servant au casernement des lits militaires de la première division de Paris, dont mon père était garde-magasin. Je me souviens de très peu de chose, d'un grand garçon, fils du concierge, qui s'appelait Amoche et qui est mort dans la guerre de Russie, puis d'une petite juive, qui avait toujours les pieds crottés, et enfin d'un banc de pierre où nous cassions du grès; mais il ne me reste pas la moindre idée de mon père, ni de ma mère, qui habitaient cependant le casernement.

A ces très vieux souvenirs se mêlent ceux de tambours, de fifres, de soldats, de grands arbres. J'ai su depuis, qu'avant d'arriver au casernement, nous étions logés dans la caserne de la rue d'Enfer, au Luxembourg. On m'a raconté, mais je ne m'en souviens pas, que ma bonne m'avait perdu dans le jardin, où l'on me trouva assis, seul, sous un grand arbre, pleurant en appelant Babet.

Ensuite je me rappelle la rue de la Parcheminerie, une des plus sales et des plus obscures de tout Paris, habitée par des chiffonniers, des parcheminiers, des marchands de vin et autre petit monde, où mon père avait acheté deux maisons. Celle que nous habitions, n° 20, à l'extrémité de la rue Boutebrie, était la seule qui reçût du soleil pendant une heure par jour. Notre voisin de droite était un perruquier; notre voisin de gauche un laveur de levure. Vis-à-vis au coin de la rue Boutebrie, un menuisier, le père Dupont, vieux jacobin, dont la femme avait été tricoteuse dans les tribunaux révolutionnaires. Le père Dupont avait un buste de Voltaire sur lequel il plaçait toujours son bonnet.

Mon père, ancien militaire, avait obtenu un bu-

reau de tabac, auquel il adjoignit un commerce
d'épicerie. La boutique était obscure, et l'arrière-
boutique, où nous nous tenions, était une chambre
où il fallait toujours de la lumière ; elle ouvrait
sur une cour de quelques mètres carrés qui ressemblait au fond d'un puits et avait l'odeur d'une
fosse d'aisance, elle n'était jamais lavée que par
la pluie. Nos appartements étaient au premier,
deux croisées sur la rue, un cabinet, une chambre
à coucher et un cabinet noir. Comme nous étions
propriétaires, nous avions des locataires. D'abord,
Mlle Dupuis, une ancienne cuisinière retirée, mé-
chante comme un âne ; la mère Vébert, une men-
diante presque aveugle ; un M. Fournier, employé
au *Moniteur* ; Marie, qui était porteuse le matin à
la Halle, notre bonne le soir, aussi ancienne tricoteuse des tribunaux révolutionnaires, puis plusieurs autres, parmi lesquels un ouvrier relieur,
nommé Bernadotte, et neveu du roi de Suède,
alors maréchal de l'Empire... car ces souvenirs
datent de 1806 ou 1807.

On m'avait mis à l'école chez une vieille femme
qui enseignait à lire à de petites filles et à de petits
garçons et qui me menaçait toujours de me faire
avaler son poing. Ensuite, par l'effet de l'insalu-

brité de la localité, je fus très dangereusement
atteint de la fièvre. Notre médecin était un physiologiste devenu célèbre, Legallois, qui fit des
expériences extrêmement remarquables sur la
température du cœur des animaux, après la dé-
capitation. J'ai contribué à ses intéressants travaux, en lui fournissant tous les petits chats du
voisinage que je pouvais attraper.

Ma maladie fut très longue, et je me rappelle
plusieurs scènes qui eurent lieu pendant mon dé-
lire : je voyais continuellement la figure du bedeau
de la paroisse, le plus horrible magot qu'on puisse
imaginer, toujours ivre, le père Foix. Ma mère,
voyant que, malgré tout le quinquina qu'on me
faisait prendre, la fièvre persistait, et que je tom-
bais dans un état d'étisie, me plaça dans un fiacre,
sur un matelas, après avoir jeté dans la rue tous
les médicaments, et nous partîmes. Quand je
revins à moi, je me trouvai dans un beau jardin,
exposé à l'influence du soleil, que je quittai pour
aller dans un beau salon, qui me parut très élégant, où il y avait des porcelaines, une pendule,
des rideaux, des chaises, des fauteuils, etc. J'avais
du bon lait tous les matins. J'étais chez ma tante
Bertaud, une sœur de mon père, mariée à un en-

trepreneur du pavé de Paris, demeurant sur l'emplacement des Capucines. C'est là que j'ai eu, pour la première fois, la notion d'arbres portant des fleurs, de gazon, de soleil ardent.

Après mon rétablissement, je retournai dans la rue de la Parcheminerie. C'est à partir de mon retour des Capucines que je commençai à comprendre le milieu dans lequel j'existais. Notre quartier était certainement habité par une des populations les plus misérables de Paris, d'autant plus misérable que les événements politiques avaient tari toute source de travail. On devait être alors en 1806 ou 1807. Pas d'industrie, pas de commerce. Les habitants du quartier, que je vois encore aujourd'hui, tant ils ont fait d'impression sur ma jeune imagination, étaient accablés par tous les genres de misère, à peine vêtus, presque toujours sans ouvrage. Leurs enfants souffraient de la faim et du froid ; ils venaient demander du pain et les restes de la cuisine, dont il y avait si peu chez nous ; puis le père ou la mère tombait malade, par suite de privations. Antoine et Jérôme, les porteurs d'eau du quartier, les portaient sur un brancard à l'Hôtel-Dieu, d'où ils ne sortaient plus ; les enfants devenus orphelins, le commissaire de police du quartier arrivait, ouvrait une enquête, et les pauvres petits étaient conduits aux Enfants-Trouvés, nommés alors les *Enfants de la Patrie*. A treize ou quatorze ans, les enfants entraient en apprentissage et, à peine étaient-ils ouvriers, qu'ils partaient pour l'armée.

C'était un triste spectacle de voir l'exaspération des parents, des mères surtout; un conscrit était regardé comme un homme condamné à mort. Dans ces misérables familles on maudissait tout bas, bien bas, le gouvernement; on maudissait Napoléon et, par un singulier contraste, les conscrits se promenaient dans les rues et partaient en criant : « Vive l'Empereur! » Une fois partis, on ne les revoyait plus. Je ne connais qu'un seul exemple de retour : c'était X... qui, à peine entré dans un régiment de hussards, moins de deux mois après avoir quitté sa famille, assista, comme trompette, à la bataille d'Essling (22 mai 1807), où fut blessé mortellement le maréchal Lannes; ce malheureux revint avec une jambe de bois, bien portant du reste, et avec deux pensions, une de l'État, comme invalide, et l'autre que lui faisait la maréchale Lannes.

Les voisins avec lesquels nous entretenions des

relations étaient le père Gautrot, perruquier, écrivain public, poète et ivrogne. C'était un homme qui avait reçu une bonne éducation. Sa femme le battait quand il avait bu. Son frère occupait une très haute position dans l'administration de la guerre. Un jour le père Gautrot partit pour rejoindre l'armée en qualité de commis principal des hôpitaux militaires. Sa femme fut enchantée de son départ; mais le pauvre homme étant mort de froid dans la campagne de Russie, elle se reprocha toujours ce fatal dénouement.

En face de nous demeurait la famille Dien. Le père était imprimeur en taille-douce; l'un de ses fils est devenu un graveur distingué.

Il y avait aussi deux parcheminiers, l'un nommé Imbault, et l'autre Hébert, dont le successeur fut Faverolle, et enfin il y avait un vieux dévot, Gauthier, qui fabriquait tous les objets nécessaires à l'imprimerie.

Les fabriques de parchemin remontaient aux temps les plus reculés : la tradition prétendait qu'elles existaient à l'époque de la reine Blanche, qui habitait une maison rue du Foin, au coin de la rue Boutebrie. Avant l'invention de l'imprimerie, la rue de la Parcheminerie était occupée par bon nombre de parcheminiers; elle était d'ailleurs située au centre des écoles, près la rue du Fouarre, la rue Saint-Jacques, la rue du Cloître-Saint-Benoît, du Collège Royal, de la Sorbonne, et il est curieux de remarquer que c'est précisément dans cette même rue qu'ont été établies d'abord les fabriques des choses nécessaires à l'imprimerie, qui avait remplacé les copistes.

A l'époque que je rappelle, les deux fabriques de parchemin étaient particulièrement occupées à fabriquer des peaux de tambour. Notre maison du n° 18 avait une facade sur une petite ruelle boueuse, qui donnait sur la place de l'église Saint-Séverin, une des plus anciennes de Paris. C'est sur cette place que se réunissaient les enfants du quartier, quand voulait bien le permettre le suisse de l'église, qui avait une ressemblance frappante avec Louis XVI. On prétendait qu'il était un de ses frères.

Les prêtres de Saint-Séverin étaient jansénistes. Je n'allais jamais à l'église que pour avoir du pain bénit et je vois encore toutes les dévotes de Saint-Séverin avec un costume uniforme, un bonnet rond, particulier, que portaient même les personnes les plus aisées, et avec elles je citerai particulièrement M. de Sacy, avec sa perruque à trois marteaux, un habit brun à la française, une grande canne à pomme d'or, et sa femme portant encore des paniers. Un soir, dans la ruelle, je vis un de ces prêtres jansénistes qui embrassait une sœur, la sœur Victoire, celle qui tenait l'école des pauvres filles. Je contai l'histoire à la veillée, ce qui me valut une calotte de ma mère.

La place, le portail de Saint-Séverin étaient mes galeries; le dimanche, j'accompagnais ma sœur, qui allait entendre une messe basse à la chapelle de la Vierge. Un jour, comme nous allions entrer dans l'église, une femme nous aborda et nous engagea à venir manger des petits gâteaux chez elle. Arrivés à une allée étroite de la rue Saint-Séverin, cette femme me dit de rester en bas, et ma sœur la suivit pour chercher les gâteaux. J'attendais toujours, quand je vis ma sœur revenir en pleurant. Voici ce qui était arrivé : à peine entrée dans l'allée, la femme conseilla à l'enfant d'ôter ses boucles d'oreilles; elle les lui prit, lui donna une tape et la renvoya. Je crois que cette allée était une entrée de l'église Saint-Séverin. Voyant ma sœur pleurer, j'en fis autant; nous retournâmes chez nous en pleurant et suivis d'autres enfants qui pleuraient comme nous. Quand on connut à la maison le vol des boucles d'oreilles, on alla chez le commissaire de police ; mais jamais on ne découvrit la voleuse.

Cet accompagnement de pleureurs me rappelle un incident arrivé à l'école, lorsque j'allais chez Mlle Lenormand. On me persuada que j'avais avalé un clou, que je tenais dans ma bouche en jouant ; on assurait que j'allais mourir et alors, accompagné de toute l'école, nous allâmes chez nous en pleurant. L'accident n'eut du reste pas de suite.

Parmi ce qu'on pourrait appeler l'aristocratie de ce misérable quartier, dont nous faisions partie, il y avait la famille Thibaudier. Le père était adjudant dans les vétérans, il avait un garçon, plusieurs demoiselles chez lesquelles nous allions en visite. J'étais alors très lié avec un petit tambour appelé Michel, qui m'apprenait à battre la caisse. Nous connaissions aussi la famille Debosse, dont le père était évidemment un mulâtre des colonies françaises. Sa fille, Mlle Clarisse, une amie de ma sœur, avait une peau brune, qui attirait tous les regards, elle était certainement quarteronne. Enfin

il y avait le père Enault, peintre en bâtiment et
fabricant de papiers de tenture. Son fils était un
de mes camarades, mais plus âgé que moi. J'ai
passé bien des heures dans l'atelier du père
Enault, à suivre les procédés d'impression sur
papier, de même que j'allais souvent chez un
antre voisin, cloutier, où j'apprenais à faire des
clous d'épingle, et chez un autre voisin, où je
voyais faire des gibernes, et puis chez M. Dien,
où je me familiarisais avec les impressions en
taille-douce, en couleur.

On n'était pas assez éloigné, alors, de la Révolution française pour que les souvenirs en fussent effacés. Dans le peuple du quartier, on peut
dire dans le bas peuple, on rencontrait les opinions politiques les plus opposées. J'ai entendu
plus d'une discussion sur les événements de cette
époque. Le père Enault, ancien soldat dans les
gardes françaises, était royaliste décidé; il parlait très haut, surtout quand il avait bu. Un save-
tier nommé Hardi, d'une figure remarquablement
belle, était montré au doigt comme ayant été
président d'un tribunal révolutionnaire. Un petit
homme, habillé de gris, d'une physionomie qui
annonçait la bienveillance, d'un extérieur distin-

gué, faisait cependant fuir les enfants, quand il passait dans la rue. Il s'appelait M. Marc ; il s'était vanté d'avoir donné un soufflet au jeune Dauphin lorsque ce pauvre petit malheureux était détenu au Temple. Je vois encore un teinturier dégraisseur de la rue Saint-Jacques, d'une figure atroce, le visage coloré, la tête coiffée d'un dégoûtant bonnet de police, et surnommé le *septembriseur*, parce qu'il avait réellement *travaillé* aux massacres de Septembre.

Dans la classe ouvrière, Moreau comptait un grand nombre de partisans. Moreau, aux yeux de ces hommes, était une victime du général Bonaparte. Au reste, comme il arrive toujours, après une forte secousse dans l'ordre social, l'apathie était grande dans les masses.

En dehors du quartier, nos connaissances étaient très limitées. M. Nicolle venait nous voir souvent. C'était un peintre à la gouache qui acquit une grande réputation. C'était la misère en personne : culottes de velours usées, redingote grise râpée, chapeau huileux qui paraissait cloué sur sa tête, car il ne l'ôtait jamais, ni pour personne ; il disait qu'il lui serait impossible de tirer une ligne droite s'il n'avait pas son chapeau sur sa

tête. Cette manie devint même une grande difficulté lorsque, quelques années plus tard, le baron
de Humboldt le présenta au roi de Prusse comme
l'artiste le plus capable d'exécuter les vues de
Paris et particulièrement celles du Louvre, qu'il
désirait emporter à Berlin. Il fallut bien mettre
bas le chapeau crasseux; le pauvre artiste, ainsi
décoiffé, s'agitait, commençait, effaçait, mais ne
réussissait à rien, lorsque le roi, voyant son embarras, lui dit en souriant : « Mon cher monsieur
Nicolle, couvrez-vous; je sais qu'il vous est impossible de travailler tête nue. » Le peintre ne se fit
pas dire la chose deux fois, et la besogne avança
rapidement, à la grande satisfaction du roi. J'ai
vu cette gouache le jour même où le père Nicolle
la portait chez M. de Humboldt : elle représentait
le Louvre, le pont des Arts et l'Institut. Et, quand
on lui demandait comment il avait été traité par
le roi : « Un homme charmant, répondait-il, il m'a
permis de garder mon chapeau. »

J'ai entendu dire depuis qu'aucun dessinateur
n'avait encore le trait aussi sûr que le père Nicolle.
Il convenait lui-même de la sûreté de sa main,
mais il ajoutait qu'il était convaincu de n'avoir
jamais tiré une ligne parfaitement horizontale.

« Bon comme M. Nicolle, » disait-on. Il pouvait avoir soixante ans, était d'une vivacité extrême et s'exprimait avec une grande facilité. Quant à son activité, on peut en juger par cette circonstance que, demeurant au cinquième étage d'une maison de la rue Saint-Jacques, il descendait plusieurs fois par jour pour faire toutes les commissions de la maison. C'est lui qui allait chercher le pain, la viande, le vin, dans une petite bouteille qu'il cachait soigneusement dans la poche de sa redingote, afin de faire croire à ses voisins, disait-il, qu'il avait du vin en cave.

Avec le travail le plus assidu, son talent incontestable, le père Nicolle gagnait tout juste de quoi vivre. Il s'était marié avec une femme qui jouait de la guitare dans les cafés, parfaitement élevée, ce qui me fait supposer qu'elle était tombée dans la misère par suite de la Révolution. Elle était toujours mise convenablement et ne s'abaissait pas à faire les commissions : sa seule occupation consistait à promener sa petite fille, charmante enfant, que la mère habillait toujours comme une petite marquise.

Le père Nicolle m'a raconté plusieurs fois son histoire. Il était fils d'un cabaretier établi rue du

Cloître-Saint-Benoît ; il avait appris le dessin à l'École de dessin de la rue de l'École-de-Médecine ; dans sa jeunesse, il servait des canons sur le comptoir. Quand son talent commença à se développer, un goût irrésistible l'entraîna vers la profession d'artiste. Il avait vingt ou vingt et un ans quand il quitta le cabaret de la rue du Cloître-Saint-Benoît, n'emportant pour tout bagage que ses crayons, son portefeuille, son parapluie et vingt francs dans sa poche. Il ne revint à Paris qu'après une douzaine d'années, ayant parcouru le Mâconnais, le Lyonnais, s'arrêtant, de temps à autre, dans les villes, pour gagner de quoi continuer son voyage. Il visita ainsi toute l'Italie, et séjourna longtemps à Rome, à Florence, à Pise. Quand il revint à Paris, un peu avant la Révolution, le garçon marchand de vin était devenu un artiste dont le talent ne tarda pas à se faire jour. Il ne vivait que pour son art, tout en se livrant à des études sérieuses et, lorsque je fus en âge de le comprendre, c'était avec un plaisir extrême que je l'entendais m'exprimer la surprise que lui avaient causée les premières expériences sur le transvasement des gaz auxquelles il avait assisté, dans une leçon de chimie que

Macquer professait au Jardin des plantes. On comprendrait difficilement comment une existence très laborieuse n'avait pu amener l'aisance chez un artiste de talent aussi incontestable et d'une conduite aussi irréprochable, si on ne savait que Nicolle était travaillé par une passion dispendieuse : toutes ses économies étaient absorbées par des achats de gravures. Je l'ai vu bien malheureux à certains moments, si malheureux qu'il venait prier ma mère de lui prêter vingt ou trente sous, pour acheter de la viande et du pain, et cependant Nicolle était riche : on l'a su quand, après sa mort, on vendit plus de cent mille francs sa collection de gravures, ce qui assura aussi l'existence de sa femme et de sa fille. Le père Nicolle professait des idées très républicaines.

J'allais assez souvent chez le parrain de ma sœur, qui avait un grand magasin de livres au premier étage d'une maison, rue Saint-Germain-l'Auxerrois. Ma sœur avait été baptisée clandestinement par un ancien prêtre de Saint-Eustache, car alors toutes les églises étaient fermées. Cordier était un Savoyard sachant à peine lire et écrire, et cependant, durant vingt-cinq ans, il a

été le plus fameux bouquiniste de Paris. On l'employait surtout pour appareiller les livres, pour
se procurer les éditions les plus rares. Il avait,
dans sa profession, une habileté hors ligne;
quand Cordier ne trouvait pas un livre, c'est que
le livre était introuvable. Ses bénéfices étaient
considérables, et il serait parvenu à une grande
fortune, s'il n'avait eu des goûts fort dispen-
dieux. C'était un dîneur, un habitué de café. Sa
femme, qu'on appelait la marraine, était énorme;
elle parlait avec difficulté par suite de paralysie.
C'était une bonne femme, qui me donnait des
livres, et c'est certainement dans cette maison
que j'ai pris le goût de la lecture. La marraine
morte, Cordier épousa une autre femme, fort jolie,
car, bien que laid comme un carlin, il aimait les
jolies femmes. La maison tomba peu à peu, et il
mourut laissant encore une valeur considérable
en ouvrages de toute nature.

Mon parrain, à moi, s'appelait Boise; il faisait
un peu tous les métiers.

Je me rappelle qu'on me menait le voir à Rueil;
il y tenait un hôtel où dînaient tous les officiers
de la garde consulaire, devenue garde impériale.
C'était l'homme le plus gai du monde; il plai-

santait toujours, racontait très bien et faisait
mourir de rire. J'ai dîné plusieurs fois à la table
d'hôte des officiers. Une fois c'était un dîner
d'adieux ; ces malheureux partaient pour une
campagne. On avait bu plus qu'à l'ordinaire et,
au dessert, tous se barbouillèrent avec du fromage à la crème, et moi aussi, on aurait dit une
société de pierrots. De ces officiers, il en revint
bien peu ; mais il en revint bien un que je connus
particulièrement, un lieutenant de grenadiers,
nommé Charles ; il était entré au service comme
réquisitionnaire, dans la campagne de France,
il fut nommé capitaine des flanqueurs de la jeune
garde. Le parrain Boise, qui était la bonté même,
usa de son influence auprès de Charles pour faire
entrer dans sa compagnie le fils d'une pauvre
voisine, un jeune ouvrier serrurier que la conscription venait d'atteindre. A la bataille de Mont-
mirail, la compagnie des flanqueurs, envoyée en
tirailleurs, se distingua d'une manière remarquable : le jeune ouvrier, qui voyait le feu pour
la première fois, terminait son repas quand on se
mit en marche : « Monsieur Charles, dit-il à son
officier, si je suis tué, vous direz à ma mère
qu'avant de mourir, j'ai mangé une tartine de

pain et de beurre. » Une heure après les rangs
étaient très éclaircis dans la compagnie. Charles
vit tomber son jeune recommandé, qui s'était
conduit avec beaucoup de bravoure. L'empereur
passait au galop. « Capitaine, lui dit-il, vous êtes
officier de la Légion d'honneur, et j'accorde deux
croix à votre compagnie. » L'empereur venait de
repartir au galop quand Charles reçut une balle
dans le bras. Elle vint s'amortir sur la crosse
du fusil qu'il portait quand il allait en tirailleur.
A l'ambulance où on le transporta, le premier
blessé qu'il aperçut fut le pauvre ouvrier serrurier, atteint d'un coup de feu à la cuisse, il le
croyait mort et ce fut pour cette raison qu'il ne
lui donna pas l'une des deux croix que l'empereur avait accordées aux flanqueurs.

La marraine Boise zézayait; excellente femme,
du reste, un peu faiseuse d'embarras; il fallait
la voir, quand elle sortait donnant le bras au
capitaine Charles et passait devant les faction-
naires pour se faire porter les armes. Le père
Boise s'appauvrissait de jour en jour et mourut
quelques années après.

Nous allions aussi chez une connaissance de
ma mère, son amie d'enfance et du même pays,

Allemande, par conséquent. Nous l'appelions
Mlle Suzanne : c'était une grande et belle femme,
mise avec une certaine élégance et qui était dame
de compagnie chez une vieille dame qui demeurait rue Saint-Gilles au Marais. Mlle Suzanne me
menait assez souvent chez sa maîtresse qui, déjà,
ne pouvait plus quitter son fauteuil, tant elle
était âgée. On me faisait asseoir sur un petit
tabouret, et on me donnait une grande Bible
dont je regardais les gravures. La dame âgée
était habillée comme sous l'ancien régime : elle
avait un bonnet en dentelles, tellement élevé
qu'il me semblait une tour. La pauvre femme
remuait toujours la tête, elle me racontait des
histoires dont je ne comprenais que la moitié.
Quand je la quittais, j'allais voir le père Beauvais,
son cuisinier, qui me régalait toujours de quelques friandises. C'était un vieillard qui, pendant
vingt ans, avait aspiré en vain à la main de
Mlle Suzanne. La pauvre Mlle Suzanne était aussi
naïve que belle, je ne lui ai jamais entendu finir
une histoire qu'elle avait commencée. Par exemple, quand, plus tard, elle sut que je devais
entrer dans la marine, elle faisait des discours à
n'en plus finir pour me détourner de cette car-

rière : « Voyez-vous, me disait-elle, notre jeune Monsieur est parti, il y a trente ans, pour faire le tour du monde, et cependant il était bien riche, et il n'est jamais revenu. Soyez bien sûr qu'il est mort, bien que ma pauvre maîtresse l'attende toujours ; c'était un grand marin très célèbre. — Comment s'appelait-il ? lui demandais-je. — Je n'ai jamais pu retenir son nom. » Ce fut avec bien de la peine que je finis par apprendre qu'il s'agissait de *La Pérouse*, dont la vieille dame de la rue Saint-Gilles était la mère ou la tante.

Ma famille avait encore conservé d'autres relations dans le Marais. Un ami de mon père, qui prétendait être son cousin, était M. Vaudet, un serrurier, rue du Roi-Doré, et dont le fils est devenu plus tard mon beau-frère. On me menait quelquefois les voir, ce qui me plaisait beaucoup, parce qu'on me laissait limer, forger, dans l'atelier. La mère Vaudet était retenue sur son fauteuil par une paralysie. Quant au père Vaudet, il buvait plus souvent qu'à son tour. Cette passion du vin lui coûta la vie, car un jour, il fut saisi par le froid, en rentrant chez lui, on le trouva mort dans la rue Barbette, tenant encore dans ses bras un dindon qu'il venait d'acheter.

Je ne dois pas non plus oublier de mettre au
nombre de mes connaissances les plus intimes
plusieurs soldats vétérans de la caserne de la rue
du Foin. Tous avaient fait les grandes guerres
de la République et du Consulat; quelques-uns
avaient appartenu à l'armée d'Égypte, et j'éprouvais un plaisir des plus vifs à les entendre raconter leurs campagnes. Lorsque j'eus les forces
nécessaires, je passai bien des heures dans la salle
d'escrime du quartier, où je recevais des leçons
d'un caporal nommé Laruel, un mauvais sujet,
s'il en fut, mais un excellent maître d'armes.

Je passe maintenant à notre intérieur, à notre
manière habituelle de vivre.

Mon père se levait toujours de très grand matin, pour vaquer à son commerce. Ma mère, dont
la santé était très délicate, se levait tard. A huit ou
neuf heures, nous prenions du café au lait par la
combinaison que voici : une laitière était instal-
lée devant notre porte dans la matinée, elle fournissait le lait pour toute la famille; par compen-
sation, on lui fournissait le café, la cassonade,
qui se transforma en sirop de raisin lors du blo-
cus continental, lorsque le sucre eut atteint le

prix de six francs la livre. Notre laitière, la mère
Pillet, était une grosse paysanne du village d'Ivry,
qui, chaque matin, apportait sa marchandise,
soit dans une voiture, soit sur le dos d'un âne.
Elle avait en moi la plus grande confiance, aussi
je l'aidais, dans la cuisine, à mettre de l'eau dans
son lait.

La première fois que je fus véritablement à la
campagne, ce fut chez la mère Pillet, dans une
ferme sale, fangeuse, puante, comme toutes les
fermes des environs de Paris. Chaque année j'y
passais plusieurs jours avec ma mère.

Le père Pillet était un de ces malins paysans
dont le nez rougi accusait des excès de piquette ;
quant à moi, je n'ai jamais pu me décider à en boire
un seul verre. Il y avait là trois enfants, une fille
et deux garçons ; le plus petit, surnommé Biche,
était souvent occupé à faire des saucisses. Je
l'aidais dans cette besogne et je le voyais souvent,
après s'être mouché avec le dessus de la main, se
remettre à pousser le hachis dans l'entonnoir.
Depuis ce temps je me suis toujours méfié des
saucisses.

C'est aussi dans la ferme d'Ivry que je vis pour
la première fois du vin *bleu* des environs de Paris.

Comme c'était alors l'habitude, nous dînions à
deux heures. Le plus souvent la soupe, du bouilli
et un plat de légumes composaient le repas. On
soupait à huit heures, avec de la viande froide et
de la salade. Il y avait sur la table une chandelle
dont la mèche était toujours démesurément longue. Tout le monde était couché à onze heures.

L'ameublement répondait à la simplicité des
repas. Dans la salle où nous nous tenions était une
vieille table ronde en chêne, quelques chaises en
paille et, sur la cheminée, une petite pendule représentant un escamoteur. Puis deux timbales
en argent, deux verres et deux tasses. Dans la
cuisine un vieux buffet, une table et une grande
fontaine en grès enveloppée d'osier. La cheminée
était un âtre où on n'allumait guère du feu qu'une
fois par an, à Noël, pour rôtir une oie. C'était moi
qu'on chargeait de tourner la broche et d'arroser
le rôti. Dans la chambre à coucher, au premier
étage, un grand lit pour les parents, un secrétaire,
une table à jeu, une belle commode et, sur la
cheminée, une pendule en style chinois, avec deux
chandeliers en cuivre argenté, quelques cadres
représentant Werther, Roméo et Juliette et les
quatre Éléments : l'Eau, la Terre, le Feu et l'Air,

un baromètre, que j'avais cassé en voulant connaître le secret de la machine et qui restait invariablement au beau fixe.

Je couchais dans le cabinet noir attenant à la
chambre, dans un petit lit de bois de sapin, au
chevet duquel il y avait pendu un bénitier en
faïence et le sabre qui avait fait, avec mon père,
les campagnes de Marceau et sur lequel on lisait :
Liberté, Égalité, Fraternité ou la mort. Dans un
coin étaient des rayons de bibliothèque, remplis
de livres dépareillés, des volumes de Voltaire, de
Racine, de Corneille, un ouvrage fort curieux
dans lequel se trouvaient les portraits des membres de l'Assemblée constituante, puis le *Théâtre
de la Foire*, qui a fait les délices de mon enfance.

Pour notre service, nous avions une femme de
ménage, Marie, dont j'ai parlé déjà, qui allait aux
provisions. Jamais ma mère, à ma connaissance,
n'est entrée chez un boucher, ou chez un boulanger. Pendant les longues années qu'elle a passées
dans cette triste résidence, elle n'a lié connaissance avec aucun voisin.

Il fallait se servir soi-même. Chacun y contribuait suivant ses forces et ses aptitudes. J'ai plus
d'une fois surveillé la marmite et écumé le pot

au-feu et, quand je fus assez fort, je balayai la maison, je ratissai la boutique ; en hiver, je cassai la glace du ruisseau, puis, plus tard, on me fit brûler le café, moudre du poivre et peser du tabac pour les chalands : ce sont les premières pesées que j'ai exécutées. De toutes les corvées que j'accomplissais à cette triste époque de ma vie, celle dont j'ai gardé le souvenir le plus désagréable était l'obligation de nettoyer mes souliers, et de les peindre au cirage à l'œuf, après avoir enlevé la dégoûtante boue de Paris. Si on me l'eût permis, j'aurais cent fois préféré sortir crotté comme un barbet ; mais quand je devais aller au dehors, mon père me faisait subir une sévère inspection.

Notre intérieur était formé alors de mon père, de ma mère, de ma sœur Jeannette et de moi. Ma petite sœur Colombe était morte peu de mois après son retour de nourrice, et mon pauvre frère Cadet n'était pas encore né.

Quant aux parents de mon père, qui vivaient, pour ainsi dire, à la maison, c'était ma tante Colombe et ma tante Duhamel ; les autres étaient morts ou disparus. Nous en verrons arriver plus tard.

Les parents de ma mère étaient en Allemagne.
Je ne les ai jamais connus.

La famille de mon père paraît être originaire
du Loiret. Un cousin Boussingault, tanneur à Paris, était né à Orléans, d'un pâtissier qui avait
inventé de petits gâteaux qui portaient son nom.

Nous descendons très certainement d'un marchand de vins de Paris, assez fameux pour avoir
été chansonné dans un recueil du temps.

> Vieux Boussingot, empoisonneur...

Boileau a été plus aimable envers cet aïeul,
dont il vante la marchandise dans la satire du
Dîner :

> ... J'ay quatorze bouteilles
> D'un vin vieux... Boucingo n'en a pas de pareilles.

C'est dans son cabaret que Boileau, Racine et
Molière se réunissaient.

Mon grand-père est né à Hesdin, dans l'Artois,
sur les confins de la Picardie (Pas-de-Calais).

Il était employé dans les fermes du roi, avec le
grade de capitaine général. Il jouissait d'un traitement qui n'était guère en rapport avec le titre
de la fonction : douze cents francs par an.

Mon père m'a dit souvent que, dans sa jeunesse, il n'avait connu que la misère. On le conçoit, puisque la famille comptait quatorze enfants! Mon grand-père était un homme instruit, de mœurs sévères et respecté de tous, malgré sa pauvreté. Il s'était marié deux fois : en dernier lieu, avec une demoiselle Boiron, sœur d'un financier qui, s'étant opposé à ce mariage, ne vint jamais au secours de ma grand'mère. Une partie des enfants fut élevée par un frère de mon grand-père, qui occupait aussi un emploi dans les fermes, et dont l'histoire est assez singulière pour être racontée.

Il y avait, dans un séminaire de Picardie, une bourse fondée à perpétuité en faveur d'un membre de notre famille. Il y en eut, en effet, plusieurs qui entrèrent dans les ordres : un de ceux-là, et le plus remarquable de tous, a été le R. P. Boussingault, religieux de l'Ordre de Sainte-Croix. Il a publié un itinéraire fort intéressant de son voyage dans les Flandres : c'est un ouvrage écrit avec talent; j'en possède un exemplaire, dans lequel on lit une description fort curieuse de la ville de Paris. Le Révérend Père était né dans cette ville, car il s'intitule Parisien.

Mon grand-oncle était boursier du séminaire. Il avait terminé ses études et, sur le point d'être ordonné prêtre, il vint passer quelques jours à Hesdin. A cette occasion, on avait réuni, pour un dîner, la famille et les amis. On attendait le séminariste pour se mettre à table, quand on entendit un traînement de sabre, puis l'on vit entrer un dragon. Le séminariste s'était engagé. Son père lui dit d'une voix ferme : « Mon fils, je préfère te voir un bon soldat qu'un mauvais prêtre. » Puis l'on dîna gaiement; ce fut le seul reproche qui lui fut adressé.

Mon grand-oncle, le dragon, fit deux campagnes sous le maréchal de Saxe. Il devint sous-officier. C'était alors tout ce que pouvait devenir un homme, tout instruit qu'il fût, quand il n'appartenait pas à la noblesse. Le bon oncle était poète et, par conséquent, un peu fou; il était très aimé de ses chefs, comme on le voit dans une biographie où il est dit qu'il publia un poème sur les victoires du maréchal de Saxe, poème dont il est fait mention dans l'*Annuaire littéraire* de 1756. J'ai fait tout mon possible, et sans succès, pour me procurer cet ouvrage. Je conçois d'ailleurs que l'auteur devait aimer le maréchal de Saxe, qui probablement lui sauva la vie dans la circonstance que voici :

J'ai dit que le poète était un peu braque. Un jour, la compagnie dans laquelle il servait, en qualité de maréchal des logis, arriva à Cambrai. Elle avait fait halte sur la place de la Cathédrale et attendait qu'on lui apportât les rations pour les hommes et pour les chevaux.

Le peuple s'était attroupé, comme il arrive toujours, à la venue d'un corps de troupes ; mais, des vivres et des fourrages, il n'en était pas question. Ce fut alors que mon oncle conduisit son cheval à l'entrée de l'église, pour le faire boire dans un bénitier. Cocotte but toute l'eau bénite ; il y eut alors une rumeur générale : le peuple aurait massacré l'imprudent sous-officier si la troupe n'avait pas pris les armes. C'était une très mauvaise affaire, un acte de flagrante hérésie ; et, si le maréchal, qui était lui-même hérétique, n'était intervenu, la juridiction ecclésiastique aurait probablement fait brûler mon grand-oncle ; car on en avait brûlé pour moins que cela.

Après avoir fait plusieurs campagnes, le grand-oncle obtint, par la recommandation du maré-

chal, un emploi assez important dans les fermes
du roi, à Oudenarde, où il prit avec lui deux de
ses nièces. Une d'elles fut la tante Duhamel, qui
m'a raconté au moins trois cents fois cet épisode,
sans la moindre variante.

On comprend que, pour mon grand-père, il
fût difficile de donner une éducation convenable
à ses nombreux enfants. Les garçons allaient à
l'école chez les Frères à grands chapeaux, où l'on
apprenait à lire, à écrire, à calculer; mon père
n'eut pas d'autre éducation. De ses deux autres
frères, l'un prit du service dans l'artillerie de marine et fut tué en duel à la Guadeloupe, où il servait en qualité d'adjudant; l'autre, le plus jeune,
Louis, qui avait un certain goût littéraire, travaillait chez un notaire. Quant aux filles, en si
grand nombre, trois ou quatre parvinrent à écrire
incorrectement; excepté toutefois l'aînée, qui fut
élevée dans un couvent et passa en Angleterre,
comme institutrice; on n'en entendit plus parler;
c'était Marianne.

Mon grand-père mourut quelque temps avant
la Révolution, et toute cette malheureuse famille
fut dispersée. Plusieurs frères se retrouvèrent,

par hasard, à Paris, quelques années après ; mon père vint pour la première fois dans cette ville pour remplir un emploi dans les bureaux de l'octroi ; sa nomination, que j'ai eue dans les mains, était signée de Lavoisier comme fermier général. Le jour même où mon père arrivait à Paris, le peuple brûlait tous les bureaux de l'octroi.

Au plus fort de la Révolution, mon père se trouvait dans l'armée à Valenciennes, bombardée en ce moment par les Autrichiens. Il s'y rencontra avec son frère Louis, âgé alors de seize à dix-huit ans, et qui avait été obligé, par une bien triste circonstance, de quitter Paris.

Lorsqu'il partit d'Amiens, l'oncle Louis était entré, comme petit clerc, chez un notaire de la capitale. Il demeurait chez sa sœur, Mme Bertaud. On lui prit, pendant la nuit, dans son portefeuille, une valeur qu'il avait touchée pour son patron. Il n'osa plus y retourner ; et après avoir écrit pour lui expliquer sa mésaventure, il partit pour le Nord, où il trouva mon père. M. Dubois Aymé, directeur des douanes de Valenciennes, dont la famille était depuis longtemps liée avec la nôtre, lui donna une position dans ses bureaux.

Plus tard il émigra et servit dans les dragons d'Enghien, à l'armée de Condé.

Quant à mon père, la Révolution aidant, il se trouva un jour directeur des hôpitaux militaires de Sambre-et-Meuse. Comme tel, il servait sous Hoche et Marceau ; il se trouva à la retraite de Jourdan et fut grièvement blessé. Un coup de sabre lui abattit presque les deux poignets, il fut évacué sur Wetzlar. C'est dans cette ville qu'il connut et épousa ma mère, fille du bourgmestre M. Münch. Il passa plusieurs mois dans l'intérieur de cette famille, devint l'ami intime des fils de M. Münch, demanda et obtint la main de Mlle Élisabeth Münch.

Mon père était un homme remarquablement beau, il avait le teint d'une grande fraîcheur, une belle carnation, des yeux bleus et des cheveux d'un noir de jais, d'extérieur très gracieux, des manières polies, qui n'étaient pas rares dans la petite bourgeoisie d'avant la Révolution. La rudesse, le sans-façon de mœurs de 93 n'avaient pas encore déteint sur nos habitudes. Ajoutez à cela que mon père ne parlait pas un mot d'allemand, et ma mère pas un mot de français, ils durent s'aimer sur les qualités extérieures. Je ne m'explique pas autrement le mariage de mes parents.

Aussitôt que mon père fut guéri de ses blessures, les deux époux se rendirent à Paris. C'était pendant l'hiver : le voyage, des plus pénibles, dura huit jours, temps que la diligence mettait à franchir la distance entre Francfort et Paris, où, comme je l'ai dit plus haut, mon père obtint l'emploi de garde-magasin des lits militaires de la première division militaire. Ma mère m'a dit bien des fois tout ce qu'elle avait souffert de son changement de position.

Au train de vie que mon père menait à Wetzlar, où il avait voitures, domestiques, etc., succéda une gêne voisine de la misère. On ne payait pas les employés, on était en pleine disette, et il est bien heureux qu'aussitôt après son arrivée à Paris, il eût placé dix ou quinze mille francs, qui lui restaient de sa grandeur passée, dans l'acquisition d'une maison dont le revenu suffisait tout juste pour exister. Cette situation devait être d'autant plus pénible pour ma mère que, dans son pays, sa famille avait cette large aisance que l'on trouve dans la bourgeoisie allemande des petites villes. Son père était cultivateur, propriétaire de vignes. Il était mort depuis quelques années, et il est probable que, s'il eût vécu, le mariage n'aurait pas eu lieu.

Quant à la fortune du père Münch, elle pouvait être de cent quatre-vingt mille francs, ce qui était beaucoup, à cette époque. Ma grand'mère Münch nous envoyait chaque année quelques bijoux pour étrennes; mais bientôt la guerre fit cesser toutes relations de famille.

Je n'ai jamais su comment, après la mort de mon grand-père Boussingault, plusieurs des enfants retrouvèrent mon père à Paris. Ma tante Colombe était établie chez nous avant ma naissance; ma mère me la dépeignait comme la plus grande paresseuse qu'on puisse imaginer, passant toutes ses journées à lire des romans. Elle épousa un habitant de Wetzlar, M. Luther, qui, après avoir déserté l'armée prussienne, servit en France, dans les chasseurs à cheval, d'où il sortit par suite d'un coup de lance qu'il avait reçu à la gorge. M. Luther était un homme grand, maigre, parlant très peu, ne répondant pas davantage, sobre, extrêmement laborieux. Il était tailleur et, dans mes premiers souvenirs, je le vois huché sur son établi, confectionnant des

effets militaires. Ma tante Colombe avait alors
bien changé : elle travaillait du matin au soir et,
malgré toutes les peines qu'ils se sont données,
ces braves gens sont restés toute leur vie dans
la pauvreté. Ils ont eu deux filles : mes cousines
Thérèse et Jeannette, qui les aidaient dans leurs
travaux. Toutes deux ont donné dans des idées
religieuses très exagérées, aussi ont-elles rempli
d'amertume les derniers jours de leur père par
l'insistance qu'elles mirent à tenter de lui faire
adopter la religion catholique; mais M. Luther
était un zélé protestant et lorsque, presque aveugle, le travail lui fut devenu difficile dans sa vieil-
lesse, il venait souvent chez ma mère et pleurait
à cause des persécutions que ses filles lui faisaient subir. Après sa mort, que suivit de près
celle de sa femme, sa fille Jeannette, la plus jeune,
entra au couvent; l'aînée, Thérèse, vécut d'une
petite rente provenant d'un héritage.

Une autre sœur de mon père que j'ai connue
dans mon enfance, parce qu'elle passait presque
toutes ses journées à la maison, est la tante
Duhamel, elle était veuve d'un militaire, qu'elle
avait épousé je ne sais comment. Lorsque la
Révolution éclata, son mari était sergent dans

le régiment de la Reine. En 1792, il était capitaine dans les chasseurs à pied. Dans une bataille qui eut lieu sous les murs de Lille, il reçut
une balle dans le genou. On pansait sa blessure
à l'ambulance quand l'artillerie ennemie abattit
un mur qui ensevelit chirurgiens et blessés. Mon
oncle Duhamel, qui avait presque six pieds de
haut, put agiter la main au-dessus des débris.
On vint à son secours, et on le retira vivant
encore, pour le transporter à l'hôpital de Lille,
où il mourut quelques jours après. Chose singulière, qu'on a sue depuis, cet hôpital était alors
dirigé par mon père.

Ma tante Duhamel eut une pension de veuve de
capitaine qui fut alors réglée à neuf cents francs.
C'était une singulière femme, fortement con-
stituée, brune, marquée de la petite vérole et
néanmoins d'un visage agréable, d'allures toutes
militaires : c'est elle qui m'apprit à jurer. Grande
raconteuse ; je savais toute l'histoire de son mari :
d'abord garçon brasseur en Flandre, puis soldat, puis sergent, sabreur, duelliste, capitaine à
vingt-quatre ans, et, ajoutait ma tante, futur maréchal de France, s'il n'avait pas été tué. C'était
avec ma tante Duhamel que je me plaisais le plus.

Elle me menait très souvent chez elle, dans une chambre de la rue de la Sonnerie, près le quai de la Ferraille. Là, elle m'asseyait par terre, mettait devant moi un tiroir dans lequel étaient ce qu'elle appelait ses reliques les plus précieuses : c'étaient les épaulettes du pauvre capitaine, dont une des franges avait été enlevée par une balle, son hausse-col, qui portait un bonnet de la Liberté, son ceinturon, ses grenades et ses pistolets. Je ne me lassais pas de tripoter tous ces objets, qui firent mes délices pendant plusieurs années.

Ma tante Duhamel mettait à la loterie. Elle me promettait tout ce que je désirerais si elle venait à gagner le gros lot. Je devais avoir un cabriolet en or massif, sur lequel je monterais derrière, comme un groom. Le gros lot n'est jamais venu. C'était le n° 73 qui devait l'amener, numéro que ma tante a nourri pendant des années. Ma tante est parvenue à l'âge de quatre-vingt-six ans, espérant toujours, heureusement pour elle. La mort survint avant la suppression de la loterie.

C'est chez ma tante Duhamel, qui demeura plus tard rue de la Barillerie, que j'eus l'occasion de voir la sœur de Marat, une vieille d'une physionomie affreuse, à moustaches grises, avec la voix d'un homme. Elle m'effrayait, bien que j'ignorasse alors de quel citoyen elle était sœur. Elle me montrait une belle collection de papillons préparés par Marat.

La sœur du « Père du peuple » demeurait avec une demoiselle âgée, tenant un bureau de papier timbré, charmante dame, ayant appartenu à l'ancienne cour, une des femmes de Marie-Antoinette. Comment deux êtres aussi dissemblables étaient-ils réunis sous le même toit?

C'est vers 1808 ou 1809 que commença mon éducation.

On me mit externe chez M. Deslyons, ancien oratorien, prêtre marié. Sa pension était rue du Jardinet. On payait douze francs par mois, ce qui était cher pour ma famille. Je commençai le latin. Parmi mes condisciples d'alors je me rappelle Bachelier, le fils du libraire, puis Loubry, que je dois nommer, car c'est lui, on le verra plus loin, qui décida ma carrière scientifique.

Je quittai la pension Deslyons pour le lycée impérial, où j'entrai en *sixième*. J'eus pour professeur M. Couenne, un ancien dragon, dont une partie de la fesse droite avait, disait-on, été emportée par un boulet. Le fait est qu'elle était capitonnée et que les élèves se plaisaient à la garnir d'épingles ; mais malheur à celui qui se trompait de fesse !

De la *sixième*, où je comprenais peu, je passai en *cinquième*, où je comprenais moins encore, puis en *quatrième*, en *troisième*, alors je ne compris plus rien du tout. Les professeurs me traitaient comme si j'eusse été une bûche. Les neuf dixièmes des élèves étaient dans la même situation que moi. J'ai eu Burnouf pour professeur de grec, sans avoir jamais su un mot de cette belle langue. Nous passions de classe en classe, comme une barre de fer dans un laminoir.

Au reste, on était arrivé à la période de 1812 et 1813, et les événements politiques jetaient une perturbation complète dans nos insignifiantes et stériles études. Les grands élèves n'attendaient pas toujours de passer par l'École militaire, plusieurs entraient dans l'armée comme sergents-majors.

J'avais donc terminé mes études littéraires, j'avais fait ma *troisième*, ma *seconde*, et cependant je ne savais rien, rien, rien, pas autant qu'un clerc sorti des écoles des Frères de la Doctrine

chrétienne. En voici la preuve. Mon père me
chargea d'écrire au brasseur pour demander de
la bière : c'était bien simple pour un jeune homme
qui avait entendu parler des lettres de Cicéron.
Quel supplice! impossible d'écrire ma lettre
au brasseur. Ce fut ma mère qui me tira d'embarras.

On songeait à me donner un état. En attendant
j'aidais à la maison, je travaillais. Mon père, ayant
comparé le prix de la pâtisserie au prix de la farine, pensait que la profession de pâtissier devait
être très lucrative; mais, dans son calcul, il avait
oublié le beurre, et puis pâtissier quand on a fait
ses études! On appelait alors et on appelle encore
avoir fait ses études lorsqu'on a passé par le laminoir de l'Université.

Je n'étais pas incapable, mais mon passage au
lycée avait atrophié mon intelligence. Rester tous
les jours deux ou trois heures en présence d'un
cuistre, au milieu de pauvres enfants que l'on torturait, et le reste du temps, jusqu'à six heures du
soir, à s'étioler sous un maître d'études abominable, il y avait de quoi devenir idiot.

Une fois en plein air, je me sentis renaître par
l'exercice, et le travail succéda à cette réclusion

malsaine qui tue ou tout au moins abêtit tant de malheureux enfants, tant de jeunes intelligences. Je vivais dans la rue, sur la place Saint-Séverin, jouant à la pigoche, aux billes, aux barres, avec les gamins du quartier; puis, par une véritable bonne fortune, puisqu'elle a eu tant d'influence sur ma destinée, je retrouvais mon camarade de l'école de la rue du Jardinet, Loubry.

Loubry avait deux ou trois ans de plus que moi. Il était enfant naturel, fils d'un ancien conventionnel, un M. Aubry, je crois. Sa mère était blanchisseuse; elle travaillait avec une de ses sœurs, qui s'associa courageusement aux misères de la famille pour les alléger en se sacrifiant.

Quel intérieur! Une grande chambre, rue Saint-Jacques, près le collège Duplessis, au deuxième étage. Dans cette chambre, un baquet pour laver le linge, une table pour repasser, un réchaud pour la cuisine, un grand lit pour les deux pauvres femmes, un lit de sangle pour le fils. Chaque jour, une immense hotte de linge à porter sur la Seine, au bateau des blanchisseuses; aussi, comme ces deux malheureuses dépérissaient, ne se plaignant jamais, n'ayant qu'un but, qu'une idée : élever l'enfant, qui, au milieu de ces deux dévouements, ne pouvait distinguer quelle était la véritable mère !

Je ne sais comment le jeune Loubry entra dans le laboratoire de Thénard, pour y apprendre la chimie, qu'il espérait appliquer plus tard, quand il serait employé dans une fabrique. Tout ce que je puis dire. c'est que la mère Loubry blanchissait pour quelques professeurs du quartier, et entre autres pour M. Thénard, professeur au Collège de France.

C'est de cette façon que je fus initié.

Je travaillais, autant que possible, avec mon camarade; mais je faisais en outre ce qu'il ne songeait nullement à faire, j'étudiais la chimie et la physique, dans les livres, avec une ardeur incroyable, le soir, en attendant les pratiques, dans le comptoir du bureau de tabac, et la nuit surtout, ce qui faisait dire à Loubry : « Tu ne seras jamais qu'un théoricien ! »

Il faut rendre cette justice à mes parents que, me voyant étudier avec un courage et un plaisir aussi persistants, ils me laissèrent tout à fait libre. Mon père, toujours pratique, entrevoyait la possibilité de faire de moi un pharmacien militaire. Ma mère me donnait de l'argent pour acheter des livres : vingt-cinq francs en une seule fois, pour me procurer la première édition, en quatre volumes, du *Traité de chimie* de Thénard. Quel sacrifice pour la pauvre femme !

Sans la liberté dont je jouissais, et dont je n'abusais jamais, que serais-je devenu ? On m'aurait de nouveau claquemuré dans une étude, dans un comptoir, où j'aurais végété tristement et, à coup sûr, perdu tous mes moyens. Au lieu de cela, aussitôt que j'avais terminé le travail de la maison, j'étais libre, libre, libre, j'allais où je voulais. J'avais la rage des cours publics : je suivais ceux de chimie par Thénard ; de physique avec Biot, Lefebvre, Gineau, Gay-Lussac ; je courais au Jardin des plantes entendre Cuvier, étudier la botanique, la minéralogie, les mathématiques, etc. Quel affreux salmigondis de sciences ! Et puis Villemain, au collège Duplessis, et le bonhomme Andrieux au Collège de France, dont je ne manquais jamais une leçon. Je le vois encore monter sur une table, les mains dans les poches de sa redingote, dont il ouvrait les basques, comme pour vous montrer le fond usé de sa culotte de velours, laissant voir ses bas de coton bleu. Comme, avec sa voix enrouée, il lisait,

en les commentant, certains contes de Voltaire;
quelle verve! Je le préférerais bien, le bon Andrieux, à Villemain, au ton dogmatique.

J'ai dit que la liberté de mes études amenait
un salmigondis, c'est vrai. Mais les heureuses
conséquences pour moi furent que je comprenais
tout ou presque tout, lorsque je ne comprenais
absolument rien pendant mon temps de lycée
et que j'en arrivai à aimer l'étude avec passion,
moi qui la détestais quand elle m'était imposée
par de mauvais professeurs.

Après ces deux ou trois années d'éducation
singulière, j'ai su la chimie, la physique de
l'époque, je connaissais les minéraux, grâce aux
leçons de l'abbé Haüy, les principes généraux de
la botanique et de la physiologie végétale, par les
leçons de Desfontaines, et le goût littéraire avait
surgi; j'aimais à lire et je lisais nos grands poètes,
Voltaire et surtout Molière, les voyageurs. Les
historiens me plaisaient moins, une histoire de
France impossible, celle d'Anquetil, était faite
pour dégoûter des études historiques. Après tout,
je n'avais que quatorze à seize ans; il me restait du temps pour digérer tout ce que j'avais
appris.

Je vais retracer quelques souvenirs des événements qui m'ont le plus frappé durant le cours de mes études *libres*, c'est-à-dire de 1813 à 1816 ou 1817.

Notre position, celle de la famille, était restée la même. Mon père, avec son bureau de tabac et ses maisons, se faisait un revenu de trois à quatre mille francs. Nous étions considérés comme riches dans le quartier; riches, heureux, en effet, comparativement à la misère et au malheur de ceux au milieu desquels nous vivions. Plus de travail pour les vieux ouvriers, pour les femmes, Tous les jeunes gens partaient pour l'armée.

En 1812, un an avant que je commençasse mes études *libres*, avait eu lieu l'expédition de Russie. L'arrivée des bulletins était le signal de profondes émotions. L'Empire touchait à sa fin. C'est alors qu'on apprit le désastre de Moscou. C'est alors qu'eut lieu la conspiration de Malet, Lahorie et Guidal, dont j'ai pu suivre quelques phases, quoique enfant, grâce à mon maître d'armes, caporal des vétérans et planton auprès du conseil de guerre de la première division militaire. Cette conspiration fut comme un éclair qui luit et disparaît. Un matin on disait partout que Napoléon était mort; quelques heures après on savait qu'il se portait très bien et allait arriver : tous les conspirateurs étaient arrêtés.

J'assistai à une séance du conseil de guerre : de tous les accusés un seul attirait mon attention. Pourquoi? Parce qu'il portait des lunettes. Quel était-il? Je ne saurais le dire. Le spectacle était si nouveau pour moi, j'étais si étonné, que je ne comprenais ni les questions du président, ni les réponses des accusés. Je n'ai pas entendu Malet, parlant à ses juges, leur dire : « Oh ! un quart d'heure plus tard vous étiez tous à mes pieds ! » Pourtant, ces paroles ont été prononcées par lui, à ce qu'on assure. Peut-être était-ce dans une séance à laquelle je n'ai pas assisté.

On racontait, dans notre quartier, que les conjurés avaient arrêté le général Hulin, gouverneur de Paris, qu'ils lui avaient tiré un coup de pistolet, à bout portant, dans la figure. J'ai toujours, depuis lors, entendu appeler le général Hulin « Bouffe la balle ». On nommait, parmi les conspirateurs, un caporal Rapp, passé aide de camp. On assurait que la garde à pied de

Paris, 10ᵉ cohorte, s'était prononcée pour Malet. Le colonel de cette garde était un M. Soulié, père d'un enfant qui, depuis, est devenu le romancier Frédéric Soulié.

Les conspirateurs furent condamnés à mort. On les a fusillés dans la plaine de Grenelle. Le bataillon de vétérans caserné rue du Foin était commandé pour assister à l'exécution, maintenir l'ordre, faire la haie... Naturellement, j'accompagnais le bataillon.

Les condamnés arrivèrent en fiacre à Grenelle, on les mit debout, sur une seule ligne. Ils étaient douze, je crois. Les pelotons qui devaient les fusiller étaient des tirailleurs de la jeune garde, des enfants, tirés des dépôts. L'homme aux lunettes me frappa de nouveau, comme au conseil. On fit feu. C'est à peine si je vis tomber ces malheureux : la fumée empêchait de voir. J'entendis des cris déchirants, puis une succession de coups de fusil pour les achever. Les vétérans, avec lesquels j'étais à une assez grande distance du lieu d'exécution, disaient que les condamnés avaient été massacrés, les tirailleurs ne savaient pas tirer un coup de fusil.

Le mouvement des troupes, le bruit de la foule

que *nous autres*, vétérans, maintenions à distance, les tambours, tout cela ensemble compri-
mait l'émotion. Je ne voyais, je n'ai vu que le
condamné aux lunettes, la fumée de la poudre
m'empêcha de le voir tomber ; mais, de retour à
la maison, j'étais très pâle, fort agité, et l'on
devina que j'avais suivi nos vétérans à Grenelle :
je fus grondé.

Je crois me rappeler que la garde de Paris,
habits blancs, revers bleus, assistait sans armes
à l'exécution. Elle fut licenciée, je crois, et les
hommes versés dans d'autres régiments.

La punition des conspirateurs ne fit pas plus
d'effet dans la population d'en bas, celle de mon
quartier, que n'en avait fait la conspiration.
Tout le monde se taisait ; on n'osait parler, de
peur d'être compromis. Pendant toute la durée du
Grand Empire, j'ai toujours entendu causer les
gens tout bas, même en famille, sur les événements politiques. Tout individu qui parlait haut,
sans crainte, était coté comme un mouchard.

Depuis la déroute de l'armée, en Russie, la
misère avait augmenté : l'on voyait des figures
hâves, dénotant la famine. Plusieurs de nos voisins, privés de travail, moururent littéralement de

besoin. L'hiver était rude. Pas d'argent pour acheter du bois. Le père Enault brûlait dans son poêle les planches en bois gravées pour imprimer les papiers de tenture. Puis, un jour, je le vis, sur un brancard, couvert de vermine. On le portait à l'hôpital, l'étape vers le cimetière. Son fils, qui soutenait sa faiblesse, était à l'armée.

Combien de malheureux moururent pendant cet épouvantable hiver de 1812-1813 ! Il faut avoir vu ces misères navrantes pour y croire, et l'on est étonné que l'homme puisse les supporter un certain temps.

Comme type de ces dénûments si nombreux alors, il fallait pénétrer dans la chambre du père Soyer, que nous appelions « Prêchi-Prêcha » parce qu'il parlait sans cesse de la création du monde. C'était un ancien serviteur du comte d'Artois, devenu marchand de minéraux sur le parapet du pont Saint-Michel. L'abbé Haüy lui donnait les rebuts des collections du Jardin des plantes, ce qu'il aurait jeté sur la voie publique.

J'étais une pratique de Prêchi-Prêcha : tous les sous que je recevais étaient changés en pierres, et j'avais fini par me faire une intéressante collection : c'est ainsi que j'ai appris à connaître les minéraux.

Un jour, ne trouvant pas Prêchi-Prêcha à son étalage, j'allai chez lui, rue de La Harpe. Il occupait, chez un épicier ayant pour enseigne : *A la Tête noire*, un étroit cabinet, donnant sur une petite cour. Je trouvai le pauvre vieillard couché sur un grabat, ayant sa vieille redingote pour toute couverture; ni chaise ni table; sur la cheminée, un pot dans lequel l'eau était gelée, quelques croûtes de pain à côté, trop dures pour être mangées, disait-il, et d'ailleurs pas d'eau liquide pour les faire tremper. Il restait au lit pour être un peu chaudement, car le froid extérieur était trop rigoureux pour étaler. Sa voix était éteinte, il n'avait plus la force de parler, je lui laissai les six sous que j'avais apportés dans ma poche, et je sortis navré. Quelques jours après, j'appris que le malheureux avait été porté au cimetière dans le corbillard des pauvres.

On distribuait aux malheureux des soupes économiques, inventées par un grand philanthrope. Il fallait animaliser cette soupe : deux harengs pour soixante rations.

Dans cet hiver rigoureux, Paris paraissait in-
habité. C'était du moins l'effet produit dans les
quartiers misérables, comme celui que j'habitais.
Au reste, pendant les tristes années de la fin de
l'Empire, les quartiers habités avant la Révolution
par les classes riches, par la magistrature, comme
le Marais, semblaient tout à fait déserts. Il y avait
des hôtels splendides où l'on ne trouvait que le
concierge. J'ai vu alors des propriétaires presque
réduits à la mendicité. Dans les rues Saint-Louis,
du Pas-de-la-Mule, sur la place des Vosges,
l'herbe poussait entre les pavés, au printemps
on pouvait se croire dans une prairie. L'activité
ne commençait à se manifester que dans la rue
Saint-Antoine.

Arriva enfin le fameux vingt-neuvième bulletin
de la Grande Armée, puis l'on connut bientôt
toute l'étendue de nos désastres, la retraite de
Moscou, le passage de la Bérésina, la dissolution
de l'armée à Wilna, la fuite clandestine de l'empereur à Morghoni, son arrivée à Paris, les levées
d'hommes pour former une armée nouvelle, le
rappel sous les drapeaux des conscrits libérés, le
décret appelant par anticipation une classe de

soldats, les pauvres enfants, obligés de partir à dix-neuf ans, la mise en activité sur le pied de guerre de la deuxième cohorte, le deuxième ban de la garde nationale qui, d'après la loi, ne devait pas sortir du territoire français.

Même dans le bas peuple ces événements produisirent une immense sensation, un mécontentement général et, pour la première fois depuis l'établissement de l'Empire, on ne se gêna pas pour manifester ses impressions. Les mères surtout étaient d'une audace incroyable : on voulait, disaient-elles, envoyer leurs enfants à la boucherie. L'empereur fut insulté par la populace dans une visite qu'il fit au faubourg Saint-Marceau. Les hommes de la police étaient attaqués, maltraités ; des conscrits réfractaires, que l'on avait arrêtés, furent délivrés par le peuple. La tristesse était sur toutes les figures. Combien d'imprécations n'ai-je pas entendues, dans le cercle très bourgeois de nos connaissances !

Cependant la misère des ouvriers parut diminuer un peu. L'immense matériel de guerre que l'on construisait à Paris, à Versailles, devint une source de travail pour toutes les professions : on vit renaître une certaine animation dans les ateliers.

Quant aux conscrits, une fois arrachés aux larmes de leurs familles, ils défilaient aux cris de : « Vive l'Empereur ! » C'est ainsi que je vis plusieurs grands garçons de notre quartier partir pour ne plus revenir. Que de douleurs ! Que de pleurs j'ai vu verser à nos voisins !

Au moindre succès de la nouvelle armée, le commissaire de police venait enjoindre d'illuminer sous peine d'amende. C'était moi qui plantais sur l'appui des fenêtres quatre à cinq bouts de chandelle, de très petits bouts. C'était déjà trop pour des mécontents.

L'empereur avait réorganisé une armée; tous les hommes capables de porter les armes étaient enrôlés. Nos victoires étaient chèrement achetées. De temps à autre les enfants du quartier de la rue Saint-Jacques se réunissaient pour suivre le convoi d'un général, quelquefois d'un maréchal de France que l'on conduisait au Panthéon : « Aux grands hommes la Patrie reconnaissante. » Le peuple n'éprouvait aucune émotion. Il pensait que bien d'autres des siens étaient morts : on ne portait pas au Panthéon des frères, des fils, des amis.

J'ai vu passer successivement, dans la rue

Saint-Jacques, le duc de Montebello, avant la nouvelle guerre, et, depuis les événements de 1813, le maréchal Bessières, tué à Lutzen, à côté de Napoléon. Parmi les curieux, il y en avait qui disaient que le même boulet aurait dû les emporter tous les deux.

Depuis l'échec de Moscou, les langues étaient déliées ; on se gênait moins, on parlait même assez haut.

Les gamins du quartier virent encore passer rue Saint-Jacques le convoi du grand maréchal du Palais, Duroc, tué à Wurtschen.

On parla beaucoup de paix ; mais elle ne se fit pas. Après Lutzen et Bautzen, la guerre continua à outrance ; désastreuse pour nous, signalée par la victoire de Dresde et la défaite de Leipzig où fut tué le général Delmas qui, comme les autres, s'en alla au Panthéon, en passant par la rue Saint-Jacques. C'est à la bataille de Dresde que Moreau, qui servait dans l'armée russe, eut les deux jambes emportées par un boulet français. On parla beaucoup de Moreau à Paris : son procès avait fait grand bruit ; l'armée elle-même comptait un grand nombre de ses partisans. Lorsqu'on apprit sa mort, les uns s'en réjouissaient, les autres, se rap-

pelant ses grands services, son républicanisme,
ses talents militaires, sa belle retraite, exprimaient
assez publiquement leurs sympathies. Mon père
avait servi sous Moreau, et ses anciens camarades,
qui, comme lui, avaient appartenu à l'armée du
Rhin, sous la République, le regrettaient. On l'avait
considéré comme le seul homme capable d'être
opposé à Bonaparte. J'entendais les vieux militaires affirmer que c'était par jalousie que Napoléon l'avait fait accuser d'être le complice de
Pichegru, qu'il désirait sa mort et qu'il avait vu
avec chagrin le général échapper à la peine capitale. Les partisans de Bonaparte disaient au contraire que, si Moreau avait été condamné à mort,
le Premier Consul aurait commué sa peine. « Plus
souvent, répondaient les partisans de Moreau, il
l'aurait très bien laissé fusiller. »

La perte de la bataille ou plutôt des batailles
de Leipzig, la terrible catastrophe du pont de
l'Elster, où une grande partie de l'armée en retraite fut faite prisonnière, produisirent une profonde émotion, même dans notre quartier. On
affirmait tout haut que c'était Napoléon qui avait
donné l'ordre de faire sauter le pont, une fois qu'il
l'eut passé, pour échapper à la poursuite de l'en-

nemi. Tous croyaient l'empereur capable de commettre un pareil acte, c'est dire à quel point l'imagination était surexcitée; et puis soixante mille soldats tués dans ces terribles journées, la certitude de nouvelles levées, exaspéraient la population.

Enfin on apprit la défection de nos alliés, les Bavarois, comme on avait appris celle des Saxons. L'armée se retirait, ou plutôt fuyait vers le Rhin, annonçant une déroute plutôt qu'une retraite. Dans les familles, c'était un deuil général; on savait, par quelques lettres qui n'avaient pas été interceptées, qu'une multitude de pauvres enfants, incapables de supporter les fatigues de la guerre, étaient morts de misère, abandonnés sur les routes de l'Allemagne. Trois de mes camarades, avec lesquels j'avais joué, il n'y avait pas un an, Thibaudier, Fournier et un autre, moururent de fatigue : ils avaient à peine dix-neuf ans.

Quand l'agent, commissaire de police, passait dans un quartier, les gamins lui criaient : « Faut-il illuminer? » A peine ce cri prononcé, ils fuyaient à toutes jambes.

Quand on sut que la France était envahie, que les Autrichiens entraient par la Suisse, que les Prussiens, les Russes allaient passer le Rhin, ce fut une consternation. On parla alors de la restauration des Bourbons. Pour nous, le souvenir des Bourbons n'existait que par l'exécution de Louis XVI, de la Reine, de Madame Élisabeth. Le peuple, les gens de notre quartier étaient persuadés que le dernier des Bourbons avait été assassiné par Napoléon, dans la personne du duc d'Enghien. On n'appelait pas autrement qu'assassinat l'exécution du duc d'Enghien dans les fossés de Vincennes.

L'empereur demandait des soldats. On manquait de fusils, et la fabrication des armes prit une nouvelle importance.

La misère augmentait chaque jour, l'agitation était grande. La police faisait de nombreuses arrestations. L'empereur partit pour l'armée : l'impératrice venait d'être nommée régente. Aux Tuileries, on montrait quelquefois le petit roi de Rome au peuple. On le produisait alors à l'une des fenêtres des appartements, au rez-de-chaussée ; on le promenait aussi sur la terrasse réservée sur le bord de l'eau. Les gamins du quartier allaient le voir. C'était un joli enfant. Je n'ai aperçu l'impératrice qu'une seule fois : c'était le jour de son mariage. On me mena voir passer le cortège qui se rendait à Notre-Dame. Nous étions au Marché-Neuf, à la hauteur de la Morgue.

L'année 1814 commença bien tristement. La préoccupation était telle que les études étaient interrompues de fait. Comme aux époques de calamité, on vivait dans la rue, on attendait des nouvelles. D'abord des bruits de victoire, on n'y croyait pas : les cosaques à Fontainebleau, puis le brillant combat de Brienne, de Champaubert, le corps d'armée de Blücher coupé à Vauchamps, où les Français lui firent perdre, en tués ou blessés, 10 000 hommes. On doutait toujours. Il fallut l'entrée à Paris de 18 000 prisonniers prussiens pour faire croire au succès. Je vis entrer les prisonniers par le faubourg Saint-Martin, déguenillés, misérables. Il y en avait qui s'arrachaient les cheveux. Le peuple, loin de les insulter, leur faisait l'aumône.

Ma tante Duhamel ne croyait pas au succès. « Vois-tu, me disait-elle, nos soldats sont trop jeunes, ils ne tiendront pas la campagne. J'ai vu cela, ajoutait-elle, à l'armée du Nord : ces pauvres petits se battront bien, s'ils sont bien encadrés, mais la fatigue les tuera. »

Les enfants de Paris, qui étaient envoyés à l'armée, étaient, après tout, de mauvais soldats. Un soldat sans instruction n'est pas un soldat. Quant à la paix, il n'en était plus question. L'empereur avait ordonné de fortifier Paris ; symptôme inquiétant ! Et singulières fortifications que celles que je vis commencer : des palissades, des chevaux de frise. Les vieux militaires souriaient en assistant à ces misérables travaux. Il fallait fortifier Paris avant la débâcle. Les hommes sensés étaient persuadés que la ville ne tiendrait pas, puisqu'elle n'avait qu'une garnison insuffisante et quelques mille hommes de garde nationale, dont beaucoup n'étaient pas armés, car les fusils manquaient.

Malgré tous les succès, les brillants combats livrés en Champagne, l'ennemi approchait de la capitale. Bientôt les paysans de la banlieue affluèrent avec leurs meubles : ils campaient partout, comme des bohémiens. L'agitation était extrême ; l'impératrice, l'*Autrichienne*, comme on l'appelait, était partie. Paris était bloqué.

Le 30 mars (cette date, on ne saurait l'oublier) on entendit le canon dès le matin. Les troupes de Marmont et de Mortier étaient aux prises avec les Russes, les Autrichiens ; les habitants redoutaient une prise d'assaut ; l'épouvante, la frayeur étaient extrêmes; chacun cachait ce qu'il avait de plus précieux : souvent ce n'était pas grand'chose. Avec mon père nous enterrâmes dans la cave notre argenterie, les bijoux. Ma sœur, ses amies, furent reléguées dans une petite chambre de notre maison n° 18, donnant sur la ruelle Saint-Séverin ; on garnit les fenêtres avec force matelas, on y cacha aussi notre pauvre pendule, qui avait fait si long-temps mon admiration.

On se battait. Mon cousin Vaudet, devenu plus tard mon beau-frère, était en tirailleur, avec sa compagnie de la garde nationale, dans le cimetière du Père-Lachaise. Les élèves de l'École polytech-nique servaient l'artillerie sur les Buttes-Chau-mont, les élèves d'Alfort se battaient au pont de Charenton.

Pour mon compte, je parcourais la ville, pour avoir des nouvelles. Tristes nouvelles, que je rap-portais à la maison !

Dans la rue du faubourg Saint-Martin, je vis entrer des blessés français : un fantassin, appuyé sur deux bourgeois, se traînait péniblement en soutenant avec ses mains une partie de ses in-testins. J'appris qu'un ventriloque, connu de tout Paris et qui m'amusait, quand on me menait à son

théâtre, Fitz-James, venait d'être tué ; il était de
la garde nationale, en tirailleur. Des groupes
d'ouvriers demandaient des armes, une partie
de la garde nationale n'avait que des lances. Les
officiers d'état-major paraissaient ahuris. On disait que le roi Joseph était un incapable, un niais,
puis l'on ajoutait que nous étions trahis : les
Français disent toujours cela, quand ils sont
battus. Des agents de police, des mouchards ré-
pandaient la nouvelle que l'empereur allait arriver dans deux ou trois jours ; l'ennemi serait
écrasé.

Le 30 mars, la ville capitula, et le 31 devait
avoir lieu l'entrée des coalisés.

Le 31, j'étais sur le quai des Orfèvres ; il y
avait foule sur la place de l'Hôtel-de-Ville. Pour
la première fois je vis un officier russe, je crois,
à cheval, passer là ; puis arriva aussitôt un officier général français qui lui présenta un pistolet
à la figure, l'arrêta et le conduisit place de Grève.
L'officier était entré avant l'heure assignée par
la capitulation. L'armée ennemie devait entrer
par les faubourgs Saint-Martin et Saint-Denis,
puis prendre ensuite les boulevards.

Dans ces jours agités, j'étais constamment

dehors pour voir le plus possible. J'emportais, en sortant de chez nous le matin, du pain et du fromage en provision suffisante pour ne rentrer que vers le soir. J'allais me poster dans le faubourg Saint-Martin. Il y avait, en ce moment, une multitude d'ouvriers, de bourgeois. La tristesse était sur tous les visages, mais on était calme.

« Les voilà! les voilà!... » Puis apparut un brillant et nombreux état-major, à la tête duquel se trouvaient l'empereur Alexandre, le roi de Prusse et le prince Schwarzenberg, représentant l'empereur d'Autriche. Je ne distinguai pas les grands personnages : mon attention était tout entière portée sur les soldats; la magnifique cavalerie, une colonne interminable d'infanterie. Tous avaient un brassard blanc et, à la coiffure, un rameau de buis. On dit que par le faubourg Saint-Martin, il entra vingt-cinq mille hommes, et autant par le faubourg Saint-Denis. Ils défilèrent, avec beaucoup d'ordre, devant une population attristée, silencieuse.

On sait qu'il en fut autrement lorsque les colonnes ennemies, étant arrivées sur les boulevards, se dirigèrent vers les Champs-Élysées, où Alexandre devait les passer en revue. Dans les riches

quartiers, il y eut des manifestations royalistes :
On cria : « Vive Alexandre! » Les balcons étaient
garnis de belles dames agitant leurs mouchoirs
et jetant des bouquets aux officiers étrangers.

Dans notre misérable quartier, je trouvai, à mon
retour, tout comme à l'ordinaire : apathie complète ; on aurait dit que ce grave et triste événe-
ment ne regardait pas le pauvre peuple. A la
maison, où je faisais mon rapport en mangeant
le dîner que ma bonne mère avait eu soin de tenir
chaud, on était inquiet, et ma tante Duhamel, la
stratégiste de la famille, disait:« Tu vois bien que
j'avais raison, Paris ne pouvait pas résister. »

J'avoue que j'ai parfaitement dormi, la nuit,
fatigué que j'étais de ma station dans le faubourg. Ce qui se passait dans les hautes régions
politiques, nous, pauvre peuple, nous n'en savions
rien du tout, si ce n'est par les proclamations.

D'abord proclamation des souverains pour rassurer la population ;

Établissement d'un gouvernement provisoire,
à la tête duquel était Talleyrand-Périgord ;

Déchéance de Napoléon, prononcée par le
Sénat, à l'unanimité des membres présents.

On parlait aussi du retour des Bourbons ; on

disait aussi, dans les groupes, que Napoléon rassemblait son armée à Fontainebleau et qu'il se préparait à marcher sur Paris.

C'était un spectacle bien étrange pour les Parisiens que les bivouacs des soldats étrangers. Les soldats russes flambaient leurs chemises graisseuses à la flamme des feux de leurs cuisines en plein air pour détruire les poux.

D'après les termes de la capitulation, les troupes françaises avaient dû abandonner la ville, à l'exception des vétérans, des invalides et de la garde nationale. Le lendemain de l'entrée des coalisés, les enfants du quartier dont je faisais partie sortirent des fortifications par une embrasure, à la barrière Saint-Martin ou de la Villette. Nous vîmes plusieurs soldats français qui avaient été tués : ils avaient la face tournée contre terre. Plusieurs d'entre nous fouillèrent les gibernes de ces malheureux pour en retirer des cartouches. Des canons étaient braqués sur tous les ponts; mais la circulation des habitants était du reste entièrement libre.

Le jour de l'entrée d'Alexandre, un groupe de royalistes essaya en vain de faire tomber la statue de Napoléon placée sur la colonne d'Austerlitz.

On rencontrait des gens portant la cocarde blanche.

On parlait de la marche de l'empereur de Fontainebleau sur Paris, à la tête de quatre-vingt mille hommes ; puis le bruit se répandit que le duc de Raguse avait trahi, qu'il avait livré aux ennemis le corps d'armée qu'il commandait à Essonne. Napoléon n'arriva pas, et bientôt on apprit son abdication. Il avait cessé de régner. Ce fut une jubilation dans le parti royaliste, le retour des Bourbons devenant certain. Dans notre quartier, ce furent les mères de famille qui se réjouirent, et cela se conçoit : on comparait Napoléon à un ogre qui dévorait les enfants. Lors de sa prospérité, Napoléon inspirait la terreur, on le craignait, or on n'aime pas ceux que l'on craint.

Les événements se succédèrent avec une incroyable rapidité. L'empereur prit le chemin de l'île d'Elbe et l'on sut que le Sénat avait rétabli les Bourbons. On publia une constitution. Louis XVIII fut reconnu roi de France, et le comte d'Artois fut nommé par le Sénat lieutenant général du royaume. Les maréchaux, les généraux, l'armée, tous prirent la cocarde blanche, et l'on rencontrait dans les rues des gens portant cette cocarde. Je puis affirmer qu'elle attira fréquemment des coups de poing à ceux qui l'avaient à leur chapeau, surtout dans les faubourgs, où l'on semblait regretter le régime déchu. Au reste, il faut avouer que l'on éprouvait partout un certain bien-être. Une diminution considérable avait eu lieu sur les prix du sucre et du café; on se rappelle que, sous l'Empire, par suite du système continental, le sucre s'était vendu six francs le kilogramme. Dans les ménages, on le remplaçait par le sirop de raisin. L'industrie du sucre de betteraves était à sa naissance, et d'ailleurs ce sucre aussi était très cher, les fabricants n'ayant aucun intérêt à le livrer à bon marché.

Le travail reprenait : un assez grand nombre de soldats étaient rentrés dans leurs foyers. Les étrangers dépensaient beaucoup d'argent et, comme le disaient de bonnes gens, on commençait à respirer.

Cependant les Bourbons n'étaient pas sympathiques, et déjà on voyait le clergé prendre une attitude qui alla fort loin plus tard. Sous l'Empire, presque tous les ecclésiastiques portaient l'habit de tout le monde, et lorsqu'un prêtre se hasardait à sortir en soutane, les polissons le huaient. Que de fois j'ai entendu, dans les rues, les gamins crier : « A bas la calotte ! » en courant après un prêtre. Le séminaire de Saint-Sulpice était particulièrement odieux au bas peuple, d'abord parce que, pendant la Révolution, le clergé était persécuté ; puis aussi parce que les séminaristes échappaient à la conscription. Quand, à la promenade, les élèves des lycées rencontraient les élèves de Saint-Sulpice, il y avait des démonstrations hostiles de la part des lycéens. Ils criaient : « Couac ! couac ! à bas les corbeaux ! » J'ai crié comme les autres.

Dans ma famille, il n'y avait pas d'opinion bien arrêtée. Ma tante Duhamel m'expliquait, à sa manière, ce que c'était que les Bourbons, « des gens qui s'étaient battus contre la France et qui revenaient avec nos ennemis ». Dans les masses d'en bas, l'idée républicaine n'était soutenue que par d'anciens jacobins. Les gens paisibles redoutaient encore plus la terreur de l'époque révolutionnaire que la terreur de l'Empire, et comme il arrive toujours quand un peuple est malheureux, opprimé, et qu'il survient un changement de gouvernement, il naît une espérance. Cette espérance, le père Nicolle, l'artiste distingué dont j'ai parlé, ne la partageait pas. C'était un républicain sincère, ne s'étant jamais écarté de sa vie artistique, ayant supporté avec résignation de grandes misères ; mais, bien qu'il eût le pressentiment que la paix lui procurerait des travaux, il ne pouvait supporter la Restauration à laquelle nous assistions :

« Vous verrez, me disait-il, ce qui va arriver : nous allons être dominés par les nobles et par les prêtres ; ce sera la pire des tyrannies ; mais les Bourbons ne resteront pas ; c'est impossible ; vous verrez comment ils finiront. »

Les émigrés rentraient en France ; des *ci-devant*, ainsi qu'on les appelait. Beaucoup vivaient obscurément dans les quartiers pauvres, exerçant, pour subsister, de modestes fonctions de maîtres d'école, de petits employés. Ils sortaient alors de leurs cachettes, apparaissaient au grand jour et reprenaient leurs titres.

Enfin on annonça l'arrivée de Louis XVIII, Louis *le Désiré*. Il fit son entrée le 3 mai. J'y assistai, avec la compagnie de la garde nationale dans laquelle mon père était *sergent*, comme on l'appelait.

La garde nationale avait un uniforme qui rappelait celui de la garde impériale : habit bleu, revers blancs ; et ce jour-là, elle était en grande tenue : culotte blanche, revers blancs, guêtres blanches montant au-dessus des genoux. J'avais nettoyé les boutons de métal blanc avec l'instrument que les soldats désignent sous le nom de *patience*, blanchi les revers avec du blanc, astiqué les buffletteries, fourbi les armes. J'étais fort expert à toutes ces occupations, grâce aux vétérans avec lesquels j'avais vécu. Il y avait, à cette époque, dans les rangs de la garde nationale, bon nombre d'anciens militaires ayant servi comme officiers, sous-officiers et soldats, dans l'armée, et formant d'excellents cadres.

Vêtu de mon uniforme de collégien, une petite giberne et une carabine comme fourniment, je me mis dans les rangs. La garde citoyenne devait former la haie sur le passage du cortège ; notre compagnie fut placée au bas du Pont-Neuf, du côté du quai ; notre ligne occupait la droite. Les curieux étaient assez nombreux. Il n'en manque jamais sur le passage d'un souverain, n'importe où il va : aux Tuileries ou à l'échafaud.

La famille royale partit de Saint-Ouen, d'où

elle se dirigea vers la cathédrale. Après la cérémonie religieuse, le cortège suivit le quai jusqu'au
Pont-Neuf. Nous présentâmes les armes, et bientôt je vis passer, dans une calèche découverte,
attelée de huit chevaux, le roi, la duchesse d'Angoulème, qui en occupaient le fond ; et, sur le
siège de devant, les deux princes de Condé. Le
comte d'Artois, le duc de Berry suivaient à cheval,
derrière la voiture. C'est ce qu'on nous dit après
la cérémonie. Il n'y avait que le roi et la duchesse
qu'on pût reconnaître de suite : le roi, très gros,
brun, la figure rayonnante de satisfaction, portait
un habit bleu bourgeois, avec épaulettes à graines
d'épinards ; la duchesse, habillée comme les An-
glaises qu'on voyait à Paris depuis quelques jours,
paraissait fortement émue et triste.

Venait ensuite la garde nationale à cheval et,
ce qui produisait une grande sensation, des com-
pagnies de garde impériale à pied, ayant la cocarde blanche aux bonnets à poil. On criait bien :
« Vive le roi ! » mais aussitôt que la garde apparut, on cria surtout : « Vive la vieille garde ! »
Ces braves gens avaient escorté le roi depuis
Compiègne ; ils marchaient silencieux, et je puis
affirmer que leur attitude était morne, ils sem-

blaient humiliés. Après le passage du cortège, la compagnie retourna dans son quartier, après avoir rompu les rangs sur le pont Saint-Michel. Le bruit courut que la duchesse d'Angoulème tomba sans connaissance lorsqu'elle aperçut les Tuileries.

On était en pleine Restauration : on vit alors surgir une foule de choses nouvelles. D'abord les émigrés, personnages impossibles, ayant conservé, dans leurs vêtements, les modes d'avant la Révolution. Leurs idées aussi dataient de cette époque. On voyait des uniformes de l'ancien régime portés par de très braves gentilshommes, qu'on appela bientôt « les voltigeurs de Louis XIV ».

Puis l'on organisa la maison militaire du roi, ses gardes du corps, les mousquetaires noirs et gris, les cent-suisses, soldats-officiers couverts d'or et d'argent, puis aussi les gardes de la porte.

On criait beaucoup contre ces troupes dont la splendeur contrastait avec la misère des pauvres officiers de l'armée. La Restauration tournait trop vite. Les partisans du gouvernement déchu commençaient à s'agiter. Ils étaient nombreux, et un grand nombre se trouvaient alors à Paris.

Tous les jours il y avait des disputes, des duels,
entre les officiers à demi-solde et ceux de l'armée
royale. La jeunesse des écoles faisait fréquemment des manifestations hostiles au nouveau
régime; à mesure que l'année avançait, l'opposition devenait plus vive, plus générale. Bien des
employés qui avaient appartenu aux pays con-
quis mouraient de faim et, au sentiment de bien-
être, né de la paix, avait succédé une inquiétude
générale.

Le clergé, longtemps comprimé, devenait
d'une arrogance extrême et, enfin, pour la première fois, j'entendis parler des Jésuites, que je
croyais tout à fait enterrés. « Mais, me disait le
père Nicolle, les Jésuites ne meurent jamais. »
Les protestants étaient mal vus, au grand chagrin
de ma mère, qui appartenait à la religion protestante de la Confession d'Augsbourg.

Les établissements d'instruction publique, les
cours des Facultés, du Jardin des plantes, étaient
ouverts et extraordinairement suivis, surtout par
les jeunes gens dont les études avaient été interrompues par la guerre. On se battait pour entrer
dans les amphithéâtres où professaient Gay-
Lussac, Thénard, Biot, Villemain, Guizot. Que

de fois, quoique bien jeune, ai-je fait queue, pour entrer dans les salles de leçons !

A partir de la fin de l'année 1814, je suivis les cours avec une grande assiduité. J'allais souvent aider mon ancien camarade de pension Loubry, dont j'ai déjà parlé, dans le laboratoire du Collège de France. Je me rappelle qu'un jour Thénard, qui professait la chimie dans cet établissement, entra, pendant que je me trouvais avec Loubry. Il me prit par les cheveux et me dit : « Comment ! si jeune ici ; mais que pouvez-vous faire ? » Pour montrer combien j'étais utile, je me mis gravement à tirer un soufflet de forge qui alimentait d'air un fourneau traversé par un canon de fusil. Thénard et Gay-Lussac préparaient le potassium dans cet appareil.

Malgré sa caresse capillaire, Thénard refusa, une année après, de m'admettre au nombre de ses élèves préparateurs, bien que je lui fusse recommandé par mon instituteur, M. R..., son compatriote, et bien que j'eusse répondu à l'une de ses questions, et qu'il fût informé de ma position précaire de fortune.

Lorsque, quinze ou vingt ans plus tard, devenu son collègue à l'Institut, je lui rappelais cette

anecdote qu'il n'avait pas oubliée, il me dit :
« Ah ! si j'avais pu prévoir ! »

C'est ainsi que je ne fus pas admis dans le laboratoire de Thénard. Je crois que ce fut très heureux pour moi. Malgré le refus un peu dur (dans la forme) du maître, je continuai à assister à ses leçons et à fréquenter son laboratoire, grâce à la protection de mon camarade de classe.

Pendant plusieurs jours je ne trouvai plus Loubry au Collège de France. Inquiet, je courus le chercher à la misérable maison qu'il habitait, rue Saint-Jacques. On lui avait assigné comme logement un tout petit cabinet, presque obscur, ayant une fenêtre donnant sur une cour infecte. La porte était ouverte et je trouvai le pauvre garçon couché sur un grabat, quelques fioles de médicaments à sa portée, sur une table boiteuse. Il était là, seul, sans connaissance, la figure rouge, les lèvres noires. J'essayai inutilement de le faire revenir à lui ; sa tante entra quelques instants après et me fit sortir, par intérêt pour moi. La pauvre femme me dit en pleurant que son neveu était atteint du typhus, et qu'il n'en reviendrait pas.

C'est une triste condition de la pauvreté que

d'être obligé de mesurer les soins que l'on peut donner à un être qui vous est cher. Pendant que leur enfant se mourait, les deux mères étaient forcées de travailler, toujours travailler, pour subvenir à leurs besoins, acheter des médicaments au pauvre malade et payer les visites du médecin. Lorsqu'il put marcher, j'allai le chercher pour le mener à la promenade du Luxembourg.

Le typhus, apporté par les armées en 1814, a fait de grands ravages dans la population de Paris.

Le clergé devenait insupportable aux Parisiens. Son arrogance augmentait chaque jour. Les dévotes du quartier signalaient ma mère comme une hérétique, et moi aussi. Le fait est que je n'étais ni catholique ni protestant, et je suis resté dans cette neutralité. Cependant, pour sauver les apparences, on me fit faire ma première communion, à Notre-Dame, bien que j'aie échoué complètement dans mon examen de catéchisme. L'abbé La Bouderie me demanda : « Qu'est-ce que Dieu ? » Il me fut impossible de répondre, et j'avoue que je ne pourrais pas répondre davantage aujourd'hui.

Un jour, le père Nicolle entra tout effaré, avec
une superbe gouache qu'il venait de terminer;
car il travaillait beaucoup depuis la paix : « Voyez
où nous allons, me dit-il, voyez où nous mène
le clergé. Vous avez bien lu dans le journal :
demain aura lieu la procession des vœux de
Louis XIII. Toute la famille royale y sera, un
cierge à la main. Cette procession doit avoir lieu
dans toute la France. C'est un vœu par lequel
Louis XIII a placé le pays sous la protection de
la Vierge, pour la remercier de la grossesse de la
reine Anne d'Autriche. »

Le lendemain, 15 août, j'allai voir passer la
procession. J'étais sur le quai des Orfèvres ; on
allait à Notre-Dame.

Les princes suivaient, en effet, un cierge à la
main, ainsi que tous les grands personnages. Le
peuple souriait, se moquait, je puis l'affirmer.
Un gamin demanda : « Et le roi, pourquoi n'est-
il pas là ? — Tu sais bien qu'il n'a pas de pieds, »
lui répondit un monsieur. Le soir, comme c'était
le jour anniversaire où on fêtait l'empereur, il
y eut des gens qui mirent des chandelles à leurs
fenêtres.

Le clergé devenait tous les jours de plus en

plus intolérant, persécuteur. On s'en aperçut à la mort d'une célèbre tragédienne, Mlle Raucourt. Le curé de Saint-Roch ayant refusé l'entrée du corps à l'église, il y eut scandale, émeute même, la foule enfonça les portes.

En politique, la réaction augmentait. Le procès Exelmans eut lieu. Exelmans était accusé de trahison à l'occasion d'une lettre adressée à Murat. Il fut cependant acquitté par le conseil de guerre. La morgue des gardes du corps ne connaissait plus de bornes. Elle était excessivement blessante pour les officiers de l'armée. La noblesse, surtout dans les provinces, affectait le plus grand mépris pour les classes bourgeoises. On parlait même de restituer les biens nationaux à leurs anciens propriétaires. Tout faisait présager la tempête. Les princes de la famille royale étaient devenus tout à fait impopulaires, et particulièrement dans l'armée.

Quand on apprit que Napoléon s'était échappé de l'île d'Elbe, que, le 1er mars, il avait débarqué à Cannes, ce fut comme un coup de foudre. La stupéfaction était générale. C'était de l'effroi chez les uns, de la joie chez les autres. Les royalistes étaient consternés. Ces nouvelles alarmantes pour le gouvernement arrivaient coup sur coup, avec une rapidité difficile à expliquer à une époque où les communications étaient lentes.

On sut que le colonel La Bédoyère, commandant le 7ᵉ de ligne à Grenoble, avait acclamé Napoléon au lieu de le combattre. A Lyon, sur toute la route, les troupes envoyées contre lui lui faisaient escorte, aux cris répétés de : *Vive l'Empereur!* Le 19 mars, Napoléon entrait à Fontainebleau. Grand effroi au château des Tuileries : mouvement de voitures, gens qui s'en allaient... A onze heures du soir, le roi, avec sa famille, partit pour Saint-Denis, où les gardes du corps avaient été envoyés pour l'accompagner. Dans tout Paris le bruit courait que l'empereur ferait son entrée le lendemain 20 mars.

Le 20 mars, de bon matin, muni de mes petites provisions, d'une bouteille garnie d'osier contenant de l'eau et du vin, je partis pour la place du Carrousel, où je m'installai, espérant voir entrer Napoléon aux Tuileries. J'étais uniquement guidé par un sentiment de curiosité, car je n'avais d'attachement pour aucun parti; mais il devait se passer là des événements aux-

quels il n'était pas donné à tout le monde de
pouvoir assister ; et puis j'avais à raconter à ma
mère ce que j'aurais vu, et elle ne croyait qu'aux
nouvelles que j'apportais.

Quand j'arrivai au Carrousel, cette place était
déjà remplie de monde, et particulièrement d'ouvriers, à en juger par la mise. Il y avait aussi des
officiers à demi-solde facilement reconnaissables
à leur tournure militaire et à leurs uniformes
râpés. On parlait beaucoup, et avec animation,
dans les groupes, les grilles des Tuileries étaient
fermées ; la garde nationale faisait le service du
château. Dans la cour des Tuileries, on allait, on
venait ; puis, tout à coup, on vit sortir une longue
colonne de fumée sur les toits. Les pompiers de
service se mirent en mouvement ; c'était un incendie, un feu de cheminée, occasionné par une
masse de papiers brûlés, sur l'ordre des gens de
la maison du roi.

Bientôt, la foule dont je faisais partie fut agitée
On la refoulait sur un point. C'était un escadron
de cuirassiers, le pistolet au poing, qui se dirigeait au pas vers le château. Après des pourpar-
lers du commandant des cuirassiers avec un officier de la garde nationale, la grille fut ouverte et

l'escadron entra dans la cour où il prit position.
A ce moment on criait beaucoup sur la place :
« Vive l'empereur! » Un monsieur, près duquel
j'étais placé, ayant crié : « Vive le roi! » reçut
dans le dos un grand coup de poing d'un garçon
boulanger.

Pendant tout le jour il y eut foule sur la place
du Carrousel : on voyait entrer et sortir des officiers, mais l'empereur n'arrivait pas. Le lendemain, on apprit qu'il avait évité les quartiers
populeux pour se rendre aux Tuileries, qu'il y
avait eu réception au château pendant la nuit et
nomination de ministres. C'est ce jour-là que l'on
sut que le maréchal Ney, qui avait promis à
Louis XVIII de lui amener Napoléon enfermé
dans une cage de fer, s'était prononcé pour l'empereur, avec son corps d'armée, qui, probablement, l'avait entraîné.

Ce qui causa l'admiration des curieux de la
place du Carrousel, c'étaient les soldats de la
vieille garde; huit cents hommes de ces compa-
gnies avaient accompagné Napoléon depuis l'île
d'Elbe. Tous étaient délabrés, presque sans souliers, habits rapiécés, bonnets à poils roux,
chauves.

On parlait de la constitution libérale que l'empereur devait donner à la nation ; mais l'*acte additionnel*, comme on l'appelait, nous touchait peu ; ceux qui croyaient au libéralisme de Napoléon étaient bien rares : ce qui préoccupait le plus, c'étaient les nouvelles levées, le rappel des anciens militaires, la mobilisation de la garde nationale dans toute la France, puis un mouvement populaire, la *fédération*, qui s'étendit à Paris. Les *fédérés* étaient presque tous gens du faubourg. Leur uniforme était bleu, à collet jaune. Cependant, la plus grande partie n'avait ni uniforme, ni fusil et, quand l'empereur les passa en revue, ils ressemblaient à un ramassis de mendiants. On les voyait de mauvais œil dans la bourgeoisie ; ils devaient devenir les tirailleurs de la garde nationale, pour la défense de la capitale.

C'est le 1er mai qu'eut lieu, au Champ de Mars, la promulgation de l'acte additionnel aux constitutions de l'Empire : c'était la réunion des délégués de tous les corps de l'État. Napoléon s'y rendit en costume d'empereur, avec l'affreuse toque de velours. J'ai vu passer le cortège. Il était brillant. Je l'ai vu aussi revenir à l'Élysée. La cérémonie dura longtemps. De la distance où j'étais, je n'entendis que les coups de canon. De ces solennités, le peuple ne voit que le défilé du cortège; c'est pour lui une affaire de curiosité. La vérité est que, dans notre quartier, on ne parla pas ou on parla peu de cette cérémonie, que l'on considérait comme un grand pas de fait vers la liberté. En bas, on était très alarmé en perspective de la guerre, car on savait que le congrès de Vienne avait mis notre empereur hors la loi et que jamais on ne traiterait avec son gouvernement.

Après l'ouverture du Corps législatif, l'empereur partit pour l'armée.

A partir de ce moment, les événements se succédèrent avec une effrayante rapidité : Victoire de Ligny, remportée par les Français sur l'armée de Blucher; bataille de Waterloo et désastre effroyable : la perte de la bataille attribuée à Ney, à Grouchy, qui ne sut pas arrêter, contenir les Prussiens, pour les empêcher de rejoindre les Anglais. Les fuyards de Waterloo se rassemblèrent à Laon, où parvint le corps d'armée de Grouchy. La consternation se répandit à Paris, où notre défaite fut connue dans la nuit du 20 au 21 juin.

Napoléon arriva le 21 juin à l'Élysée. La foule entoura bientôt le palais, toute sympathique, car elle cria : « Vive l'empereur ! » lorsqu'il sortit dans le jardin. J'étais dans cette foule, et je vis pour la dernière fois Napoléon se promener en marchant à grands pas, ayant les mains derrière le dos.

A la fin de juin (le 28), ce fut une grande terreur, car on entendit le canon prussien retentir. Quelques jours après eut lieu la capitulation de Paris ; les troupes françaises devaient se retirer derrière la Loire.

Le 8 juillet Louis XVIII rentra aux Tuileries. A partir de ce jour, on ne vit partout que des drapeaux blancs, des cocardes blanches. La population, surtout la bourgeoisie, paraissait royaliste. Le dimanche qui suivit le 8 juillet, j'étais dans le jardin des Tuileries, on y dansait : on chantait une ronde.

> Rendez-nous notre père de Gand,
> Rendez-nous notre père.

C'était une ivresse générale ; on dansait aussi

dans les rues adjacentes, sur une partie des boulevards; mais pas dans le faubourg Saint-Antoine.

Les troupes ennemies furent casernées à Paris; et on en logea momentanément chez les habitants. Nous reçûmes chez nous huit soldats prussiens, que mon père envoya chez un logeur de notre rue. Ces soldats étaient assez insolents, très exigeants, et ma pauvre mère devait aller chez les uns et chez les autres pour servir d'interprète.

On apprit bientôt le départ de l'empereur, son passage à bord du *Bellérophon*, sa translation à l'île de Sainte-Hélène. Le peuple d'en bas était assez indifférent à tout ce qui se passait. Seulement, chez les anciens militaires, ceux qui avaient servi sous la République, on discutait ou plutôt on disputait sur les dernières affaires de guerre, la grande réaction royaliste allait commencer.

On connut bientôt l'assassinat du maréchal Brune à Avignon, l'exécution des frères Faucher à Paris. Le général La Bédoyère fut jugé et fusillé dans la plaine de Grenelle, La Valette mis en jugement et condamné à mort par la cour d'assises. On sait que ce dernier fut sauvé par sa femme accompagnée de sa fille, la veille du jour où l'exécution devait avoir lieu.

Mme de La Valette, ainsi que cela se faisait chaque jour, venait à la prison de la Conciergerie et dînait avec son mari. Son équipage consistait en une chaise à porteurs, ainsi qu'il y en avait encore à Paris. La Valette parvint à sortir de prison, couvert des vêtements de sa femme. J'étais, ce soir-là, chez mon camarade Benoist, dont le père, archiviste à l'état civil, demeurait à un entresol qui ouvrait sur la cour du Palais de justice et d'où l'on apercevait la grille de la Conciergerie. Nous vîmes descendre Mme de La Valette et sa fille de la chaise à porteurs, puis nous restâmes à la croisée, pour attendre son départ. Tout le monde savait que son mari devait être guillotiné le lendemain. Nous remarquâmes que les deux porteurs s'éloignaient pour entrer chez un marchand de vin. Un domestique seul était resté. Peu après, Mme de La Valette, ou plutôt La Valette, déguisé en femme, sortit appuyé sur le bras de sa fille. Pas de porteurs. Enfin ils arrivèrent et la chaise quitta la place du Palais et prit la rue du Harlay, donnant sur le quai. On sait le reste. La Valette trouva un cabriolet qui l'attendait et s'éloigna, laissant sa fille dans la chaise. On sait qu'aussitôt son évasion connue, on courut après la chaise dans laquelle on ne trouva plus que la petite fille. Enfin, après être resté trois semaines dans une chambre dépendant du ministère des affaires étrangères, chez le duc de Richelieu, qui était bien loin de se douter de la chose, La Valette put sortir de Paris sous le costume d'un officier anglais accompagné de trois officiers de la même nation, dont le major général Wilson, et gagner la frontière belge. Le fils du général Wilson a été un de mes camarades en Amérique, où il fut aide de camp du *Libertador* Bolivar.

L'évasion de La Valette causa une satisfaction générale dans les masses. On ne dissimulait pas cette impression; on admirait le courage de Mme de La Valette : les royalistes assuraient que le roi avait donné des ordres pour que le condamné pût s'échapper. Il n'en était rien : on pouvait en juger par les perquisitions faites sur l'ordre de la police. Le peuple, mon peuple à moi, les pauvres gens de notre quartier, ne connaissaient pas La Valette, mais la Restauration commençait à inspirer un sentiment de dégoût.

Peu de temps après le jugement de La Valette eut lieu celui du maréchal Ney, sa condamnation, son exécution dans l'allée de l'Observatoire par un peloton de *mes* vétérans. Des vétérans m'affirmèrent que le peloton était formé par des *Chouans*, c'est-à-dire des gardes du corps revêtus de l'uniforme des vétérans. Il a été prouvé qu'à la Conciergerie, les soldats qui gardaient le maréchal, ceux qui avaient gardé La Valette dans la même prison, étaient des gardes du corps portant l'uniforme des grenadiers de la vieille garde.

La mort de Ney excita une profonde indignation parmi mon peuple. On se rappelait sa réputation militaire, sa bravoure, à Mont-Saint-Jean ; on disait que Wellington, tout-puissant alors, aurait pu le sauver en interprétant en sa faveur un des articles de la capitulation de Paris. Il n'en fit rien ; tout au contraire, car il établit, ce qui probablement était vrai, que ledit article ne couvrait pas le maréchal.

La veille de l'exécution, l'émotion était telle que le gouvernement craignit un mouvement populaire. Le fait est que, pendant la nuit et de grand matin, une foule considérable se rassembla dans la plaine de Grenelle, où l'on croyait que Ney serait fusillé. C'est ce rassemblement qui décida le gouvernement à faire faire l'exécution près de l'Observatoire, entre huit et neuf heures du matin.

Ney, après avoir récusé la commission des maréchaux désignée pour le juger, passa devant la Chambre des pairs. Après la condamnation, on vota sur la peine. Il est triste de voir parmi le très grand nombre de pairs qui votèrent pour la mort les noms d'hommes considérables dans la science, tels que Berthollet et Laplace; on y trouva aussi celui de Morel Vindé, membre de l'Académie des sciences, quoique sans grande notoriété.

L'exécution de Ney eut lieu en décembre 1815. Les cours des écoles étaient en pleine activité J'étais alors au lycée. Il fallait entendre comme les élèves arrangeaient Berthollet et Laplace. On ne se gênait pas pour les appeler misérables. Au reste, Laplace était sans caractère. Arago racontait que lorsqu'on apporta à l'Académie, durant les Cent jours, le registre sur lequel chaque membre devait émettre un vote sur l'acte additionnel, registre à deux colonnes, l'une pour les adhésions, l'autre pour les refus, Laplace signa de manière à ce que son nom se trouvât à cheval sur les deux colonnes, de sorte qu'il était impossible de savoir s'il avait approuvé ou désapprouvé l'acte additionnel,

Dans une élection académique, il paraissait tellement embarrassé entre deux candidats, qu'il déclara que le sort déciderait de son vote. En conséquence, il fit un bulletin au nom de chaque candidat, et jeta les deux bulletins dans un chapeau pour tirer celui qu'il devait mettre dans l'urne au moment où elle lui serait présentée. Ainsi fit-il; il jeta à terre le bulletin qui n'alla pas dans l'urne et vota d'ailleurs ostensiblement en montrant son vote à Arago, avant de le remettre à l'huissier. Après la séance Arago eut la curiosité de ramasser le bulletin jeté sous la table et y trouva inscrit le même nom qui avait été jeté dans l'urne. La Restauration reconnaissante, après le jugement de Ney, nomma marquis le comte de Laplace, J'ai vu une seule fois Laplace à une séance de l'Académie de sciences : c'était avant mon départ pour l'Amérique. Mais, depuis lors, je me suis rencontré assez souvent avec Mme la marquise de Laplace. Bien qu'octogénaire, et plus, elle était fardée, lacée et mise comme une jeune femme. J'ai aussi aperçu, chez des amis communs, le fils de Laplace, général d'artillerie.

Les hommes ne se laissant pas influencer par les circonstances politiques sont rares, même chez les savants et les hommes de lettres. La plupart sont disposés à faire un marché avec le pouvoir, quel qu'il soit.

Ainsi on a su que, dans le jury appelé à se prononcer sur le sort de La Valette, se trouvait un ingénieur des mines, auteur de quatre grands volumes in-4°, ne valant pas grand'chose et protégé par le régime impérial. Ce fut ce juré, que La Valette se garda bien de récuser, qui décida le jury à se prononcer pour la culpabilité, c'est-à-dire pour la mort de l'accusé.

Il obtint de l'avancement. Il mourut associé libre de l'Académie des sciences, mais il mourut fou, de remords probablement d'avoir condamné son ami.

On était arrivé à la triste époque de la *Terreur blanche*, tout aussi sanguinaire que la Terreur de 93. Les *cours prévôtales* furent instituées; c'étaient de vrais tribunaux révolutionnaires. Il est pénible de penser que le grand naturaliste

Cuvier, alors conseiller d'État, fut chargé du rapport. La discussion qu'il soutint à cette occasion n'honore pas son caractère. Du reste, Cuvier était faible de cœur, timide, ambitieux.

La *Congrégation* s'organisa aussi en 1815, pour se perpétuer jusqu'à nous. Il fallait pour parrains des personnages affiliés ou être appuyé par des adeptes. Le mécontentement augmentait à mesure que l'on multipliait les actes de rigueur. La conspiration de Grenoble éclata, et la cour prévôtale de l'Isère fit fusiller une vingtaine de malheureux qui s'étaient laissé entraîner, et parmi eux un enfant de seize ans que la cour avait cependant recommandé à la clémence du roi. Le duc Decazes, ministre de la police, envoya, par le télégraphe, l'ordre de l'exécution. Le duc Decazes était cependant un homme aimable, bienveillant en apparence, que j'ai beaucoup connu; mais, quand je le rencontrais dans un salon, malgré son amabilité, je puis même ajouter, malgré l'intérêt que présentait sa conversation, je ne sais pourquoi, je voyais toujours à côté de lui le spectacle sanglant de l'enfant de seize ans. Un jour que le jury de l'Exposition agricole de 1867 devait accompagner l'empereur Napoléon III dans une

visite, je reçus, le matin, un billet du duc Decazes me priant de l'attendre au Palais de l'industrie pour lui donner le bras, le soutenir, —
il avait quatre-vingts ans. — Tout moribond qu'il
était, il voulait voir l'empereur. Durant toute la
promenade, il y eut toujours, entre le vieux cour-
tisan et moi, l'image sanglante du pauvre enfant
de Grenoble ; Decazes mourut trois ou quatre jours
après. Il avait compromis sa fortune dans des affaires industrielles, particulièrement dans les
forges de Decazeville qu'il fonda alors qu'il était
grand référendaire de la Chambre des pairs. Les
marchands du quartier refusaient de lui faire
crédit. Je rencontrai plusieurs fois chez lui le duc
Pasquier. Tous ces gens-là, ralliés par intérêt au
gouvernement de Juillet, comme ils l'avaient été
aux précédents, jouissaient d'une grande considération. On avait oublié le rôle de terroristes
qu'ils avaient joué lors de la seconde Restauration. En politique on oublie si vite !

En 1816 la Terreur ou, si l'on veut, la réaction royaliste continua de plus en plus sanglante.
Il est incontestable que les autorités supérieures
provoquaient des conspirations. C'est cette année
que l'on jugea la *Société des patriotes* de 1816. Elle

distribuait des billets triangulaires à tout le
monde. Ceux qui eurent l'imprudence de les accepter furent poursuivis et condamnés comme
conspirateurs. Cette Société ne possédait cependant aucun moyen d'action : elle avait été fondée par trois pauvres diables : Plaigner, cor-
royeur; Jolleron, ciseleur; Carbonneau, écrivain
public, ayant son échoppe dans la salle des Pas-
perdus, au Palais de justice. Ils furent condamnés à la peine des parricides, la mort, après avoir
eu le poing coupé. Leurs complices furent envoyés aux galères, après exposition au carcan.
Le jour de l'exécution, j'étais au Palais de justice, à la fenêtre de l'entresol où logeait la famille
de mon camarade Benoist. Il faisait presque nuit
quand les trois malheureux furent extraits de la
Conciergerie pour aller à la place de Grève. Ils
étaient en chemise. Un voile noir couvrait leur
tête. C'était une scène de l'Inquisition. Je ne me
rappelle plus s'ils montèrent dans la charrette qui
attendait à la grille, ou s'ils la suivirent à pied. La
foule était énorme, du Palais de justice au lieu de
l'exécution, indifférente, comme toujours, au sort
des condamnés; elle était là pour les voir passer,
ainsi qu'elle avait vu passer Louis XVI, la reine et

toutes les victimes de la Terreur rouge. Lorsqu'ils sortirent de la cour du Palais, on entendit un murmure formidable qui diminua d'intensité à mesure que le sinistre cortège s'éloignait de notre entresol. Ce murmure, ainsi qu'il arrive toujours, était produit par les cent mille voix répétant en chœur : « Les voilà! les voilà! » Le peuple est toujours avide de voir des exécutions : les ouvriers perdent volontiers le salaire d'une journée de travail pour se repaître de ce triste spectacle. Est-ce cruauté? Non. C'est une émotion qu'ils viennent chercher. Les plus favorisés sont ceux qui approchent le plus de l'échafaud. Quant à la masse, elle se contente de voir passer le condamné. Sous l'Empire, les exécutions avaient lieu sur la place de Grève. La guillotine était montée à une trentaine de mètres de la Seine; il n'y avait pas alors de parapet : on descendait par la berge jusqu'à la rivière. Pendant les crues du fleuve, la place de l'Hôtel-de-Ville se trouvait inondée : on la traversait en bateau. Après les exécutions, la foule se portait vers la guillotine.

J'ai fait ce pèlerinage avec des camarades : on voulait voir de près la fatale machine; mais ce qu'on y voyait de plus curieux, je devrais dire de plus repoussant, c'était la mère Marianne, une femme déjà âgée, chargée d'éponger le sang tombé sur le pavé. Marianne portait le costume des paysannes, jupon de laine retroussé, des sabots, un mouchoir en indienne, placé sur sa coiffe. Sa dure physionomie dénotait pour ainsi dire sa profession. Elle avait étanché le sang de la famille royale et s'en vantait. Les gamins l'injuriaient. Elle répondait à leurs sarcasmes et à leurs quolibets en les menaçant de son éponge, leur prédisant qu'ils viendraient un jour à la place de Grève et qu'elle travaillerait pour eux.

Une seule fois j'ai assisté de très près à une exécution. J'allais au Marais; c'était un jeudi, jour de congé; l'échafaud était dressé, et il y avait peu de monde sur la place par suite de la pluie torrentielle qui tombait. La charrette arrivait en ce moment avec une belle jeune femme dessus. On la porta sur la plate-forme. C'était une incendiaire. Elle sanglotait. On l'attacha sur la planchette, puis Charlot, le bourreau, tira un cordon, et l'on vit tomber le couteau triangulaire, puis la tête.

Tout se perfectionne. Marianne a perdu son emploi. Le sang ne rejaillit plus sur le pavé, mais

dans des paniers contenant de la sciure de bois.
On cessa aussi d'exécuter au centre de Paris, et
finalement on exécuta à la porte de la maison
de détention. Il faut espérer qu'un jour les écha-
fauds seront dressés dans l'intérieur des prisons.

C'est un moment bien terrible que celui où les
condamnés marchent à la mort ; les criminels
les plus endurcis affectent souvent un courage
qui pourrait bien n'être que de la forfanterie.
J'entendis un soir M. Feuillet de Conches, le
grand amateur d'autographes, raconter une histoire assez curieuse : c'était aux Tuileries. Nous
avions dîné chez l'empereur, on fut amené à
parler du supplice de Louis XVI. Le lieu était
mal choisi, mais les courtisans chuchotent plutôt qu'ils ne parlent.

— Il mourut avec un grand courage, disait
M. Feuillet de Conches, le bourreau me l'a certifié.

— Vous connaissiez donc le bourreau ? lui
demanda-t-on.

— Certainement, et voici comment j'ai fait sa
connaissance.

J'ai trouvé une lettre de Samson, le bourreau
qui a guillotiné Louis XVI, lettre datée du 22 janvier et adressée au rédacteur d'un journal qui avait

affirmé que le roi était mort comme un lâche. Samson crut devoir protester et déclarait dans la lettre en question que Louis Capet avait montré une grande fermeté. Ce témoignage faisait honneur au bourreau, et c'est pour cela que je devais m'assurer de l'authenticité de la lettre. J'allai chez Samson, et je me trouvai en présence d'un beau vieillard à cheveux blancs, ayant les manières d'un homme bien élevé. Je lui montrai la lettre. C'était bien lui qui l'avait écrite. « J'étais indigné, me dit-il, je devais défendre la mémoire de Louis XVI, ma victime, qui mourut comme meurent bien peu de condamnés. » Je félicitai le bourreau sur un acte qui n'était pas sans danger à cette terrible époque. La conversation continuant, Samson m'apprit que presque tout homme, au moment de l'exécution, a la « chair de poule ». Ceux que l'on croirait doués d'une grande énergie par leur attitude présentent souvent ce symptôme à la vue seule de la hache.

Au moment fatal, quand le condamné quitte la prison, on lui accorde ce qu'il croit capable de le réconforter, un verre de vin, d'eau-de-vie, un bouillon, du café. Je tiens ce détail d'un ancien pharmacien, M. Siret, auquel j'eus occasion de

rendre quelques services. Il fut nommé aux fonctions de chef de la pharmacie de la prison de la
Roquette où les condamnés à mort restent jusqu'au jour où ils sont conduits au supplice. Le père
Siret ne manquait jamais de me faire une visite
après chaque exécution. Il était âgé de quatre-
vingts ans et m'appelait son fils. Il étudiait les
divers cordiaux propres à inspirer du courage, à
remonter le cœur des malheureux condamnés et
venait me rendre compte des résultats obtenus.
Ce qui réussissait le mieux, c'était l'éther acétique.
« Mon fils, me disait-il, quand un condamné a
pris ma potion, ce n'est plus le même homme.
On dirait qu'il va gaiement à la mort. Lacenaire
s'en est très bien trouvé, l'assassin de l'archevêque
de Paris aussi ; Verger était un poltron qui ne
pouvait plus se tenir sur ses jambes dans la pièce
où on lui faisait la toilette, l'éther acétique le
transforma ; il marcha d'abord avec énergie et je
ne sais si la dose n'était pas assez forte, mais ce
ne fut que sur la plate-forme qu'il commença à
trembler. Mon fils, ajoutait-il, à la première exécution, je vous préviendrai, je veux que vous
soyez témoin de l'effet merveilleux de mon cor-
dial. »

Je ne me suis jamais rendu à l'invitation du père Siret, qui mourut quelque temps après. Comme membre du *Conseil de salubrité*, je fis partie d'une commission chargée d'éclairer le préfet de police sur l'état sanitaire des détenus de la Roquette. Je vis la cellule des condamnés, nue, blanchie à la chaux, ayant pour tout mobilier deux lits, une chaise de paille, un escabeau. Elle était vide pour le moment. Par la même occasion je visitai les ateliers où les condamnés aux travaux forcés sont occupés jusqu'à leur départ pour le bagne.

Quelles figures je vis là ! Celles des porte-clefs qui nous accompagnaient ne valaient guère mieux. Toutes ces physionomies étaient contractées par la colère ; la dureté, la haine étaient sur tous les visages. Avec quelle brusquerie les geôliers traitaient les prisonniers, leur criant brutalement : « Otez vos bonnets ! levez-vous ! » aussitôt que nous entrions dans un atelier. Les ébénistes étaient les plus mal notés parce qu'ils buvaient le vernis à l'alcool qu'on leur remettait pour leurs travaux. La défense pour les détenus d'user du tabac et des liqueurs alcooliques est peut-être la plus dure des privations.

L'année 1816 fut une des plus sanglantes de
la *Terreur blanche*. Les ultra-royalistes devinrent
des cannibales, surtout en province. Les conseils
de guerre, les cours prévôtales, les tribunaux
rivalisaient de zèle. A Lyon, on fusilla le général
Mouton-Duvernet. Des dames royalistes, appar-
tenant aux plus grandes familles, ne rougirent
pas de danser là où la victime était tombée la
veille. Le général Drouot, Cambronne furent dé-
férés à la juridiction militaire. Ils n'échappèrent
à la mort qu'à la faveur d'une très faible majo-
rité. D'autres, moins heureux, furent fusillés.
Paris était terrifié. Il devenait évident que chaque
jour la cause royaliste perdait du terrain. Comme
il arrive toujours au temps des persécutions, on
parlait bas, mais on parlait beaucoup. On se méfiait cependant, car on croyait voir partout un
agent provocateur.

La Chambre fut renouvelée; la session de
1816-1817 n'apporta pas de notables changements dans la situation. La *terreur* s'établit
dans le département du Rhône. On vit néanmoins poindre un peu d'indépendance parmi
les députés. L'opposition commençait à se former.

On approchait de 1818. Comme je l'ai dit, depuis trois ans j'avais suivi les cours publics avec assiduité et beaucoup lu. Il fallait songer à prendre un état, une profession.

Entrer dans le commerce m'était impossible et antipathique. J'avais seize ans environ, et j'étais tout au plus propre à faire un garçon de boutique. Passer des hivers rigoureux dans un comptoir, sans autre feu qu'un poêle à braise, un gueux en terre cuite, ne me souriait guère. Mes études scientifiques, mes lectures avaient fait naître en moi d'autres aspirations. Je désirais entrer dans la marine. Je m'étais préparé à subir les examens de l'École navale et, bien qu'on m'objectât que l'avancement serait dorénavant réservé aux jeunes gens des familles nobles, je persistai, avec l'arrière-pensée de prendre du service à l'étranger à la fin de mes études, et, ce qu'il est bien difficile de comprendre, c'est la Russie surtout que je voulais servir. A cet effet, je commençai à étudier le russe. Le prix d'une grammaire étant au-dessus de mes moyens, j'eus la patience d'aller à la Bibliothèque royale où je demandai une grammaire russe, à la grande surprise d'un jeune employé, dont je devais être un jour le collègue à l'Institut. Je perdis beaucoup de temps à trouver que le russe est une langue bien difficile.

Une école pratique de mineurs ayant été établie à Saint-Étienne en 1817 par ordonnance royale, je me décidai, mon père y consentant, à prendre le métier de mineur. Je dis le *métier*, parce que je voulais avoir un état dans lequel les connaissances que j'avais acquises pussent être utilisées : c'était d'ailleurs une carrière ayant son côté scientifique, et déjà j'aimais la science. Je savais qu'à l'École des mineurs je trouverais un laboratoire, des collections de géologie et de minéralogie, une bibliothèque : c'est tout ce que j'aimais. J'entraînai dans cette résolution mon camarade Benoist, le fils du chef de bureau des Archives.

Nous adressâmes notre demande à M. Héricart de Thury, ingénieur en chef des carrières, qui délégua M. Trémery, ingénieur ordinaire, pour nous examiner. On demandait peu de chose à ces examens : la géométrie, l'algèbre, jusqu'aux équations du second degré et une composition française.

M. Trémery ne comprenait pas ce que des Parisiens allaient faire à l'École des mineurs. Nous fûmes reçus, et le directeur général des mines,

M. Mollien, donnant avis de notre nomination au directeur de l'École, lui disait, ainsi que je l'ai appris depuis : « Je vous envoie la monnaie de M. Bossu. » M. Bossu était le fils d'un ingénieur des ponts et chaussées.

M. Trémery, attaché au service des carrières, était coiffé en ailes de pigeon. Il posait invariablement les questions en commençant par cette phrase : « Qu'est-ce que c'est que... » Il était du reste très bienveillant. Benoist épousa plus tard une de ses nièces et fut, par cette alliance, placé dans les carrières de Paris.

M. Trémery faisait un cours de physique amusante, à l'usage des gens du monde. Savant au-dessous du médiocre, je ne l'aurais même pas nommé si, dans une élection à l'Académie des sciences, il n'avait eu pour compétiteur Gay-Lussac, qui ne l'emporta sur lui que d'une voix.

Les nominations académiques sont quelquefois inexplicables. Comment pouvait-on hésiter entre ce dernier déjà illustre et mon examinateur aujourd'hui complètement inconnu? M. Trémery était très myope. Il professait l'histoire naturelle au lycée Charlemagne, où on lui jouait toutes sortes de mauvais tours. Les leçons étaient faites

dans les salles de collections. Les élèves, après
avoir garni les bancs d'animaux empaillés, se ca-
chaient et, pendant une heure, le professeur, sans
s'en apercevoir, parlait à des singes, à des échas-
siers, à tous animaux autres que des hommes.

Une fois reçu, il fallait se rendre à Saint-
Étienne, à la fin du mois d'octobre 1818. Mon
départ affligeait mes parents, ma mère surtout.
On me fit un beau trousseau, une grande redingote bleue, un habit gris, deux pantalons, douze
chemises, mouchoirs, etc., et un habit bleu d'officier, destiné à devenir l'uniforme de l'École.
Cet habit venait de l'oncle Louis, tombé chez
nous comme une bombe en 1816.

Il avait émigré, par suite de la circonstance
triste que j'ai racontée. Après avoir servi dans
l'armée de Condé, comme cavalier dans les dragons d'Enghien, il entra au service de l'Angleterre et fut incorporé dans les chasseurs britan-
niques; il était capitaine adjudant-major lors du
licenciement de ce régiment, qui fit les campagnes
d'Égypte, de Portugal et d'Espagne. En Égypte, à
la bataille d'Aboukir, l'oncle Louis tomba, grièvement blessé par une balle qui lui avait traversé
le corps, il demeura deux ans en Égypte, avant de

pouvoir reprendre son service. En Espagne, à l'affaire de Vittoria, une balle lui brisa la main droite. Dans un engagement, un coup de fusil tiré sur lui, à bout portant, occasionna un accident assez singulier : des grains de poudre s'étant logés sous la peau du menton, il resta tatoué pour toujours. C'était un excellent et brave militaire, ainsi que l'atteste une lettre autographe du prince régent, qu'il m'a été permis de lire. Malheureusement, son courage fut employé *du mauvais côté*. Il était d'ailleurs très modeste et parlait peu de ses campagnes, c'est par le journal qu'il tenait sur sa vie, et que j'ai trouvé dans ses papiers après sa mort, que j'ai appris ce que je viens de raconter.

Pendant les guerres de l'Empire, on ne pouvait pas naturellement avoir des nouvelles d'un officier servant à l'ennemi ; aussi, pour nous, il n'était plus de ce monde, et lorsque, enfant, ma mère me faisait faire ma prière du soir, il y avait quelques mots pour l'oncle Louis.

En 1816, je me trouvais un jour avec ma mère dans le bureau de tabac, pendant que mon père faisait la sieste, lorsqu'un monsieur entra qui demanda à parler à M. Boussingault. Je dis que mon père n'était pas à la maison, car à cette époque, on se méfiait de tout le monde ; l'étranger insista, ma mère lui dit :

— Mais enfin, que lui voulez-vous ?

— C'est, répondit le visiteur, que je suis son frère Louis.

Je courus réveiller mon père, qui reconnut bien vite que le visiteur disait vrai, l'oncle dîna ce jour avec nous, et, pendant le repas, il présenta à mon père un parchemin qui devait, disait-il, établir son identité, c'était un brevet de chevalier de Saint-Louis. La soirée se passa à raconter, à s'informer de la famille. En ce qui nous concernait, le tableau ne fut pas brillant. L'oncle passa quelques jours chez nous et partit ensuite pour Lyon où il allait rejoindre un régiment de chasseurs à cheval dans lequel il venait d'être nommé chef d'escadron. Plus tard il fut promu au grade de lieutenant-colonel dans le 1er dragons et resta dans ces fonctions jusqu'à la révolution de 1830. Ne voulant pas servir sous Louis-Philippe, malgré les instances du maréchal Soult, il donna sa démission et se retira complètement.

Avant de quitter Paris pour me rendre à Saint-Étienne, je passai une soirée dans la fa-

mille de mon ami Benoist, au Palais de justice.
J'aimais beaucoup sa mère, femme instruite et
assez dévote, dont le mari, beaucoup plus âgé
qu'elle, était singulièrement incapable. C'était
Mme Benoist qui tenait les archives de l'état civil
et on n'avait qu'à soutenir que la terre est sphé-
rique quand on voulait mettre son mari en colère.

Plusieurs ecclésiastiques fréquentaient cette
famille et, entre autres, l'abbé de La Bouderie.
Pendant un dîner auquel j'étais invité, on vint, je
ne sais à la suite de quoi, à parler de saint Pierre.
Maman Benoist interrompit brusquement la conversation, en criant : « Ne parlez pas de saint
Pierre, c'est un J... F... il a renié Notre-Sei-
gneur ! » Les curés firent des mines très drôles.

Les adieux à ma famille furent bientôt faits. A
la maison, la séparation fut plus émouvante : ma
mère m'embrassait et ne voulait plus me lâcher,
elle sanglotait. J'avais alors un jeune frère, Cadet,
âgé de six à sept ans, ma sœur en avait dix-neuf
et était mariée, depuis une année, à M. Vaudet,
notre cousin.

Il fallut enfin se quitter, Benoist et quelques camarades, qui devaient nous faire la conduite, arrivèrent. Je mis mon havresac sur le dos, et en

avant! Nous devions faire la route à pied. J'avais cinquante francs pour ce voyage. Chaque mois je devais recevoir pareille somme à Saint-Étienne. Ma mère en cachette ajoutait dix francs à la somme convenue : je n'ai jamais reçu plus de soixante francs par mois pendant mon séjour à l'École des mineurs.

Nous marchâmes en silence après que nos amis nous eurent quittés à la barrière, nous avions le cœur très gros tous deux, Benoist et moi, et je crois que, sans un sentiment d'amour-propre, nous fussions retournés sur nos pas... Le sac que nous portions était un peu lourd.

Après avoir traversé la forêt de Sénart, nous nous arrêtâmes à Lieusaint, village où nous primes gîte dans une modeste auberge. Un lit pour deux ; un assez bon souper. Total : trois francs. Le lit ne laissait rien à désirer. Cependant je dormis fort peu. Toute la nuit je voyais pleurer ma pauvre mère. Le lendemain, dès qu'il fit jour, après avoir nettoyé nos guêtres, et graissé nos souliers, nous nous mîmes en route. Nous déjeunâmes dans un hameau, après avoir fait trois ou quatre lieues. C'est ainsi que nous avions réglé notre marche, en faisant environ dix lieues par jour. Mon camarade Benoist eut des cloches à la plante des pieds, le troisième jour de notre voyage. Nous prîmes alors un voiturin en nous associant à un troisième voyageur pédestre, un ouvrier peintre, je crois ; en trois jours nous arrivâmes de cette façon à Auxerre. Cela nous avait coûté sept francs par place. Ensuite nous continuâmes la route à pied. Ma joie fut grande lorsque, à la Rochepot, je vis en place le calcaire à gryphites, le vieux château de cette localité, une ruine, était bâti avec ce calcaire.

De Chalon, le bateau à vapeur nous conduisit sur le quai de Saône, à l'auberge du *Cheval blanc*. Sans nous arrêter à Lyon, nous nous mîmes en route de bon matin, le jour suivant, avec l'espoir d'arriver à Saint-Étienne. L'entreprise était rude pour une fin de voyage. Le chemin était très accidenté ; et c'était toujours avec une agréable surprise que je rencontrais des roches que je ne connaissais que pour en avoir vu les échantillons dans les collections. Je cassai bien des morceaux de granit, de micaschiste, puis près de Rive-de-Gier, du grès houiller. Il était trois ou quatre heures quand nous traversâmes cette ville qui nous parut bien noire et bien sale. Après un dîner : pain, vin, fromage, nous nous remettions en route, très fatigués, quand un voiturier, conduisant un char à charbon vide, nous prit sur son véhicule. C'est ainsi que nous fîmes notre entrée, nuit bien close, à Saint-Étienne. Notre conducteur nous indiqua une auberge où nous passâmes la nuit.

Le lendemain, nous nous présentâmes chez le directeur de l'École, après avoir fait une toilette *recherchée*, nos effets nous ayant devancés. Saint-Étienne nous parut triste, noir, malpropre ; le temps était froid et brumeux. L'École des mineurs se trouvait à la sortie de la ville, sur la route de Montbrison. L'ingénieur en chef des mines directeur, M. Beaunier, nous reçut avec bonté. Il nous présenta aux élèves dans la salle d'études et nous fit voir l'École. Je fus saisi d'admiration en entrant dans un charmant laboratoire de chimie, bien autrement élégant que celui du Collège de France, que je fréquentais à Paris. Il avait été établi sur des plans rapportés d'Angleterre par le professeur de métallurgie, M. de Gallois. Au premier étage on trouvait une bibliothèque assez complète et une collection de minéraux, de roches.

Les élèves étaient peu nombreux : neuf dans la seconde division, première année d'études, à laquelle nous appartenions, et à peu près autant dans la première division, seconde année d'études.

Il n'y avait, lors de l'ouverture de l'École, qu'un seul élève, Fourneyron, puis ensuite Leferme, neveu d'un notaire de Paris, qui se destinait à la direction des mines d'anthracite de Montrelais. A notre arrivée, Fourneyron avait terminé ; on l'employait à des tracés de chemins de fer, Leferme avait été incorporé dans la première division.

La plupart des élèves sortaient du collège, ils étaient laborieux, très gais, bienveillants. Parmi eux quelques-uns de passablement incultes, des gouverneurs de mines, des ouvriers, qui ne pouvaient pas tous suivre les études, mais qu'on gardait quand même, et qui, comme ouvriers, devinrent très utiles pour l'enseignement pratique, car nous devions travailler comme mineurs et nous devions exercer successivement toutes les parties de la profession.

Aujourd'hui que je trace ces lignes, nous sommes peu de survivants : Latil, encore en Alsace, peut-être ; Besqueut, maître de forges en Bretagne ;

mon ancien ami Benoist, percepteur du péage
d'un canal en Picardie. Mais Leferme, directeur
de Montrelais ; Remmel, des mines de houille de
Terrenoire ; Dyèvre, devenu administrateur des
mines de Saint-Étienne, sont morts encore jeunes.
Il y a quelques années, j'ai eu la douleur de
perdre mon excellent ami Fourneyron, l'inventeur de la *turbine*. Baude, qui était élève hors
classe, c'est-à-dire admis à l'enseignement de
l'École sans être assujetti à la discipline et aux
examens, est mort un peu avant Fourneyron.

Pour nous Baude était un vieux, il avait
vingt-sept ou vingt-huit ans ; fils d'un ancien
préfet de l'Empire, il fut nommé sous-préfet
pendant les Cent jours, destitué à la Restauration, il devint actionnaire des mines de Firminy. Homme très intelligent, il fut l'un des
journalistes de l'opposition qui protestèrent
contre les *ordonnances* de Charles X. Il fut
nommé député sous Louis-Philippe et remplissait les fonctions de préfet de police, au commencement du nouveau règne. Ce fut sous son
administration que, dans une émeute, la populace
démolit l'archevêché, à Paris, ce qui amena sa
destitution. Il entra alors au Conseil d'État.

Le personnel des professeurs de l'École avait été pris dans le corps des mines.

Le directeur, M. Beaunier, était un homme du monde. On disait tout bas que son talent de chanteur n'avait pas peu contribué à son avancement : c'était fort probable. Cependant je puis dire qu'il savait et professait fort bien la géologie. Sous l'Empire, il dirigeait l'école des mineurs établie à Kaiserslautern, et ce fut sur sa proposition qu'on créa l'école de Saint-Étienne.

M. de Gallois, Alsacien de Strasbourg, devait professer la métallurgie, mais il ne remplissait pas sa chaire. M. Thibaud, aspirant des mines, le suppléait. Thibaud avait ses idées tournées vers les spéculations lucratives, il était très laborieux, mais brouillon et pédant, il est mort ingénieur en chef.

M. Burdin, un Savoisien, professait les mathématiques, la mécanique ; son enseignement manquait de clarté, c'était un esprit original, tourné vers les inventions, mais auquel manquait le sens pratique. Il eut l'idée des turbines et s'associa avec Fourneyron pour la construction de ces machines hydrauliques. Après deux années, l'association cessa. Un esprit aussi incohérent que celui de Burdin, ne pouvait rester uni à l'esprit éminemment positif de Fourneyron.

Fourneyron, laissé seul, amena la turbine à une étonnante perfection. Patronné par M. Arago, il conquit une haute position parmi les ingénieurs civils et acquit une belle fortune. Burdin, au contraire, essaya tout; comme mécanicien, il ne fit rien de bon, c'était un rêveur. Il voulut utiliser l'air chaud comme force motrice, il y dépensa ses modestes économies.

Les succès si légitimes de Fourneyron lui suscitèrent bien des envieux. On prétendit que Burdin était l'inventeur des turbines. Burdin n'avait certainement pas cette prétention, mais il laissait croire et n'eut pas la loyauté de déclarer que la turbine qui avait réussi n'était pas la sienne. Comme me le disait un mécanicien habile, sans Fourneyron, la turbine n'existerait pas.

Fourneyron était, du reste, très apprécié par les hommes les plus considérables dans les sciences. Présenté comme candidat dans la section de mécanique à l'Académie des sciences, il échoua à une voix contre le général Morin. Il ne se présenta plus; il eut tort; l'Académie l'aurait certainement nommé. Il y a, dans l'échec de Fourneyron, un exemple assez fréquent du peu de discernement des corporations savantes. Que Fourneyron eût échoué devant un géomètre habile, on aurait pu le comprendre; mais, entre Fourneyron et Morin, tous deux occupés de mécanique pratique, expérimentale, le choix ne devait pas être douteux.

Le nom de Fourneyron durera tant que les turbines tourneront, c'est-à-dire toujours; le nom de Morin finira avec son honorable carrière.

M. Desroches, professeur d'exploitation et de géométrie descriptive, était un être des plus singuliers : un nain, avec la physionomie d'un singe. Laid, aussi laid qu'on puisse l'imaginer, très bon, possédant un talent d'exposition des plus remarquables, dessinant comme un artiste, son esprit manquait de solidité; bâtissant des théories impossibles sur tous les sujets, il était pris d'une vraie manie qui ne fit qu'augmenter avec l'âge; il adressait des conseils au roi sur la manière de gouverner la France, suivis d'une discussion sur la forme des atomes. Il en résulta qu'il fut mis à la retraite avant d'avoir atteint le nombre d'années de service. Il aimait à développer ses idées aux élèves, cela durait une heure, quelquefois deux.

J'avais trouvé un moyen infaillible de me dé-
barrasser de lui, je l'écoutais d'abord avec attention, puis, graduellement, je me baissais jusqu'à
ce que mon visage fût à la hauteur du sien, et il
fallait beaucoup me baisser, car j'avais cinq pieds
six pouces de haut et lui environ quatre pieds.
Alors il me quittait brusquement, en faisant une
grimace incapable de l'enlaidir, tant il était laid ;
mais, hélas ! il revenait quelques jours après.

M. Gueyniveau, professeur de chimie et de métallurgie, était un curieux type. Il avait le bras
droit plus court que le gauche. Son enseignement
était correct, mais on voyait qu'il racontait à midi
ce qu'il avait appris à dix heures. Chez lui, où
j'allais prendre des notes pour le cours, il n'avait
qu'une préoccupation, c'était d'expulser la pous-
sière de son appartement. Si j'entrais chez lui avec
un duvet de plume sur mon habit, il saisissait le
duvet avec délicatesse, ouvrait la fenêtre et souf-
flait sur ses doigts pour le faire envoler. Cet exercice m'amusait, aussi avais-je soin de mettre quelques barbes de plume sur mon vêtement chaque
fois que j'allais chez lui ; il ne manquait jamais d'ouvrir la fenêtre et de procéder à l'expulsion, ainsi
que je l'ai dit. Au fond, c'était un excellent homme,

spirituel, mais d'une grande timidité, pesant ses paroles, tant il craignait de se compromettre.

Il y avait encore à l'École un maître de géométrie souterraine, M. Sherowitz, un Autrichien venu avec les armées ennemies. Il surveillait la classe de dessin linéaire et conduisait les élèves dans les mines pour y lever des plans. C'était un pauvre diable très ignorant.

En dehors du personnel enseignant, il y avait un ingénieur des mines, probablement à demi-solde, parce qu'il était malade et impropre à remplir une fonction déterminée.

M. Le Boulanger, attaché au laboratoire, était atteint d'une singulière infirmité. Il se développait spontanément, et par saccades, une grande quantité de gaz dans son estomac, le bruit produit alors ressemblait aux aboiements d'un chien, l'éructation était quelquefois si abondante et si prolongée qu'elle se faisait avec douleur. Dans ce cas, M. Le Boulanger avait recours à l'introduction de l'eau; il en buvait abondamment et, dans les efforts qu'il faisait, l'eau était projetée à plus d'un mètre de distance. Le malade souffrait moins quand il y avait ainsi évacuation de liquide.

On conçoit qu'avec une semblable infirmité

M. Le Boulanger recherchait la solitude. Il logeait dans un faubourg, ayant pour tout mobilier une chaise et un matelas bourré de rognures de papier. Chaque jour, quelque temps qu'il fît, il traversait la ville pour se rendre à l'École, marchant lentement et s'arrêtant pour fixer le soleil pendant plusieurs minutes lorsqu'il faisait beau. Les enfants le prenaient pour un fou et le suivaient. Dans le laboratoire, il faisait des analyses minérales, des essais de minerais de fer, il travaillait avec une grande dextérité, mais ne parlait presque jamais; son silence durait quelquefois une semaine. Si un élève lui demandait un conseil, ou bien il le lui donnait, ce qui arrivait le plus ordinairement, ou bien il se sauvait sans répondre. Quand il ne souffrait pas beaucoup, M. Le Boulanger était un agréable compagnon. Malheureusement, cela n'arrivait pas souvent. Après ma sortie de l'École, j'ai appris que son état avait considérablement empiré. Sans être absolument fou, puisqu'il raisonnait encore d'une façon judicieuse, son apathie n'eut plus de limite. Un jour, un de ses camarades le rencontra à Lyon, au milieu d'une brigade de vagabonds employés à balayer les rues: la police l'avait ramassé, emprisonné et enfin occupé à ce service, sans qu'il eût élevé la moindre objection. Son ami lui fit abandonner ces dégoûtantes fonctions, dont il ne se plaignait nullement, tant le moral était affecté chez lui.

Dans les milieux sociaux où le hasard m'a placé durant ma jeunesse, j'ai presque toujours rencontré un maître affectueux pour me servir de guide ; à Saint-Étienne, ce fut Le Boulanger qui m'initia à l'analyse minérale, à la docimasie, dont je ne possédais pas une notion bien nette, malgré mes études de chimie générale. Il possédait les traditions de Klaproth, de Vauquelin, il avait beaucoup analysé à l'École des mines de Moutiers, établie en Savoie sous l'Empire et si, plus tard, j'ai eu quelque succès dans cette partie si difficile de la science, je l'ai dû, sans aucun doute, à ce pauvre malade.

Benoist et moi eûmes bientôt fait connaissance avec nos condisciples qui nous aidèrent pour notre établissement dans l'intérieur de la ville. Nous louâmes une chambre garnie chez Mme Doguet. Elle nous coûtait quinze francs par mois. Il y avait vis-à-vis de nous un mitron dans le four duquel nous portions cuire les rôtis que nous mangions parfois : le plus souvent, c'était un gigot aux pommes de terre. Nous faisions nous-mêmes notre pot-au-feu sur notre grille à charbon de terre. Un jour, nous préparions une bonne soupe grasse, le jour après, nous mangions le bœuf bouilli. On se procurait du vin du *Rivage* (des bords du Rhône) à dix centimes la bouteille. Ce système dura plusieurs mois, pendant lesquels nous nous nourrissions très bien, mais nous demeurions trop loin de l'École, ce qui nous fit nous en rapprocher. Benoist en profita pour se mettre en pension chez un paysan, père d'un camarade, M. Berthon, qui exploitait une mine de houille.

Pour moi, je pris une mansarde dans la rue en face de l'église. Plus tard, pour me rapprocher davantage du laboratoire, je louai une petite maison isolée et comme suspendue au-dessus du Furens. Pour cette location, d'un prix trop élevé, vingt francs par mois, je m'associai avec un camarade, Lalance, de Montbéliard, charmant et intelligent garçon, qui devint directeur des mines de Ronchamps.

Les études de l'École n'avaient rien de pénible. Chaque mois on passait un examen ; dans le premier, sur la chimie et la minéralogie, j'étonnai singulièrement l'examinateur M. Beaunier. Cette circonstance n'avait rien d'extraordinaire, mais elle fut très heureuse pour moi, car, à partir de ce moment, je fus chargé des préparations du cours de chimie. Le laboratoire, que j'avais tant admiré, devint ma salle d'études. J'y passais d'ailleurs toutes mes récréations et mes dimanches. Je n'en sortais qu'à 7 ou 8 heures du soir. Je prenais mes repas dans un cabaret voisin, chez le père Pagat, où les élèves, n'ayant pas leur famille à Saint-Étienne, formaient une table d'hôte. Elle nous coûtait trente-cinq francs par mois : soupe, rôti (presque toujours du chevreau), légumes, fromage, vin, pain à discrétion. Je dépensais donc par mois :

Pension.	35 francs.
Logement.	10 —
Total	45 francs.

Il me restait quinze francs pour blanchissage et menues dépenses.

Ce fut un grand bonheur, une circonstance qui a eu la plus grande influence sur mon avenir, que d'être en possession du laboratoire de l'École.

Je disposais de tout et, de plus, j'avais les conseils de M. Le Boulanger. Les autres élèves y venaient une ou deux fois par semaine, à peu près, et étaient placés sous ma surveillance.

Pendant ma première année à l'École je me suis familiarisé avec les procédés de la *voie sèche* et de la *voie humide* pour l'essai des minerais de fer. On travaillait alors beaucoup dans cette direction, parce qu'on avait le projet de traiter, à Terrenoire, les rognons de fer carbonaté lithoïde, que l'on rencontre disséminés dans les mines de houille.

Au printemps, quand il faisait beau, le dimanche, je faisais, avec quelques camarades, des excursions dans les environs, souvent à Rochetaillée, où se trouvent les ruines d'un château féodal bâti sur un rognon de quartz qui est placé sur la ligne de partage des eaux qui vont à la Méditerranée et à l'Océan. Nous allions aussi à Saint-Priest, à Firminy, dans les forêts du Bessat, où l'on trouvait alors de magnifiques pins pourris sur place et que nous faisions tomber comme des capucins de cartes ; à Saint-Rambert, à Saint-Just-sur-Loire, où nous visitions des établissements de teinture de soie ; nous suivions aussi la fabri-

cation des rubans, plusieurs de nos amis stépha-
nois étaient familiers avec la *haute* et la *basse lisse*.

Dans l'étroite vallée qui mène à Rochetaillée,
nous assistions à la fabrication des fusils.

Les plaisirs de la ville étaient fort limités : on
jouait deux fois par semaine au théâtre ; le prix
des places au parterre, debout, était de soixante
centimes. On y rencontrait toujours un certain
nombre d'élèves-mineurs, reconnaissables à leur
uniforme bleu clair (bleu de ciel) orné de deux pics
en croix, brodés en or. Dans les grands jours, on
mettait le chapeau à cornes et l'épée, que j'ai portée pour la première fois. Cette épée de mineur
s'est transformée plus tard en épée de flibustier,
pendant la guerre de l'indépendance de l'Amérique du Sud et, depuis, en épée de membre de
l'Institut.

Je fis peu de connaissances à Saint-Étienne.
J'allais dans la famille de quelques élèves, chez
Berthon, de la Richelandière, et chez Fourneyron,
place Chavanelle, où, au rez-de-chaussée, il y
avait un foyer de charbon de terre qui ne s'étei-
gnait jamais : la cuisine semblait en permanence.
Je vois encore la mère Fourneyron, une grande

femme portant toujours un tablier blanc. Le père Fourneyron, au contraire, était petit; il avait une tournure de monsieur, portait un habit bleu râpé, costume rare à cette époque. Il était arpenteur, ce qui nous faisait dire que notre camarade Fourneyron était né dans une boussole et savait lever les plans avant sa naissance.

Fourneyron passait pour un des meilleurs élèves. Il avait d'abord été l'unique élève; puis, à l'arrivée de Leferme, il suivait encore les cours en amateur et suppléait le professeur de mécanique. C'était évidemment le plus malin des élèves, très avocat, très amusant. Sa tournure laissait à désirer, car il était d'une taille bien au-dessous de la moyenne et portait toujours des habits dans lesquels il était trop à l'étroit. Sa physionomie, ses yeux bridés, un air moqueur dont il ne s'est pas entièrement corrigé, ne prévenaient pas en sa faveur. Il fallait le connaître pour l'apprécier comme il le méritait. Quoique imberbe, il était grondeur comme un vieux barbon, et est toujours resté grondeur. Son jeune frère, Jean-Claude, entré plus tard à l'École et qui a passé sa vie auprès de lui, a peut-être été l'homme le plus grondé de l'univers.

Les élèves vivaient dans une grande familiarité avec les professeurs, avec les capitaines d'artillerie attachés à la manufacture d'armes de Saint-Étienne, dont M. Jovin était alors l'entrepreneur.

Toute la jeunesse s'occupait de politique. La *terreur blanche* continuait dans toute la France, et les congrégations organisaient des *missions*. Les jésuites, comme des commis voyageurs, parcouraient les départements pour y faire planter des croix, vendre des chapelets, des livres religieux et faire *pratiquer* les populations.

A l'École, sans exception, nous étions tous *libéraux* et *anti-cléricaux*. Un ministre, M. de Serres, qui a joué un triste rôle en ces temps de réaction, vint faire une visite à M. Beaunier, un de ses intimes amis. Il devait loger, et il logea en effet à l'École. De bon matin, on écrivit sur les murs de l'escalier, par où devait monter Son Excellence, une vingtaine de : « Vive la Charte ! » Ce fut un grand scandale dans la maison.

Quand il y avait dans les environs de Saint-Étienne érection d'une croix de mission, la jeunesse, c'est-à-dire les élèves, auxquels se joignaient bon nombre de jeunes gens de la ville, assistaient à la cérémonie, pour revenir en chantant la chanson de Béranger dont le refrain est :

> En vendant des prières,
> Soufflons, soufflons, morbleu !
> Éteignons les lumières,
> Et rallumons le feu !

C'était Baude qui organisait ces manifestations. J'ai vu opérer les missionnaires à Saint-Étienne. D'abord, presque tous étaient de beaux hommes, susceptibles d'exercer une sorte de fascination sur les femmes. On prêchait de tous les côtés, puis on organisait une communion générale. Je crois que toute la population y assistait. C'étaient des processions à n'en plus finir, parcourant la ville pour se rendre dans les églises. Les habitants passaient leur temps à se confesser et à communier. La femme du garde-mines, concierge de l'École, une bonne maman, me disait : « Je me confesse tous les jours ; il est vrai que je confesse toujours les mêmes péchés. »

Parmi la jeunesse libérale, anti-cléricale, il y avait un jeune médecin, M. L***, que j'ai retrouvé bien des années après, comme collègue au Conseil d'État. L*** était un charmant homme, très recherché des dames malades. Ce pauvre garçon devint amoureux de la fille d'un très riche négociant en soieries, M. L***. Cette jeune personne, vraie miniature, aussi petite que l'on puisse l'imaginer, élégante, portait, à la campagne, une blouse et un chapeau à la Paméla qui faisaient notre bonheur. Elle était gaie, mais un peu trop vive et avait reçu une éducation religieuse parfaite. Quant au père et à la mère, ils étaient entièrement dépourvus d'esprit. Le mariage n'eut lieu qu'à ma sortie de l'École. Tous enviaient la bonne chance de L***, car il avait eu en partage une belle dot et une femme charmante. Par l'influence de M. Casimir Périer, dont il avait été secrétaire, le docteur fut nommé député quelque temps après l'avènement de Louis-Philippe ; puis il entra au Conseil d'État où je le reconnus et où nous étions au mieux. Quand je dis *au mieux*, cela n'est pas exact, car je connaissais son histoire.

Assez peu de temps après la bénédiction nuptiale, madame s'émancipa ; on en jasait tout haut dans la ville ; on fit même à ce sujet une fable très maligne, qui commençait par ces vers :

> Porte moins haut l'aigrette,
> Ornement de ton front...

L*** eut un duel avec un élève de l'École et le

tua. On racontait que le duel n'avait pas été très
loyal. Le fait est que le docteur dut quitter Saint-
Étienne en toute hâte ; il n'y reparut que bien
des années après. Madame persévéra dans ses
habitudes prises, puis la fortune du père fut en-
gloutie ; la malheureuse fille vécut avec différentes
personnes et tomba si bas, qu'il y a quelques
années elle était devenue la concubine d'un ouvrier forgeron et tirait le soufflet dans la boutique.
C'était, sur la fin de sa vie, une énorme masse
de chair barbouillée de charbon et ivre le plus
ordinairement.

Les élèves levaient des plans de mines pour des
exploitants, ce qui leur donnait quelques profits.
Le travail manuel auquel nous étions assujettis
deux ou trois fois par mois rapportait fort peu.
On nous avait assigné une *taille* pour nous exercer au métier de piqueur ; et on nous payait à la
tâche. Dans mon année, j'ai eu, pour ma part,
dix-huit francs, qui furent employés à faire une
excursion au Mont-Pilat.

Nous vîmes, sur le sommet, près de la ferme,
des blocs isolés de granit, blocs que l'on observe
fréquemment dans une semblable situation. La

vue que l'on embrasse du Pilat est belle, mais elle ne vaut pas le déplacement qu'il faut subir pour en jouir.

Aux vacances de Pâques je visitai, avec mon ami Leferme, les mines de Saint-Bel et Chessy dans les environs de Lyon. Nous nous y rendîmes, par la montagne, en deux jours de marche, sans passer par Lyon. Nous avions décidé, je crois, que nous examinerions un gisement d'antimoine sulfuré, à Saint-Symphorien.

Nous passâmes plusieurs jours aux mines, celles de Saint-Bel présentaient des filons considérables de pyrites de fer, très pauvres en cuivre. Le grillage des pyrites avait lieu en tas formant des pyramides tronquées, sur la base supérieure desquelles on pratiquait des trous cylindriques où se rassemblait le soufre liquide que l'on enlevait de temps en temps avec une cuiller en fer. C'est ce gisement de pyrites de Saint-Bel, alors presque sans valeur, à raison de son peu de teneur en cuivre, qui en a acquis une considérable, depuis que la pyrite remplace le soufre dans la fabrication de l'acide sulfurique. Un maître mineur *saxon* nous montra. *avec amour*, les travaux souterrains.

Il y avait peu de temps que l'on connaissait le

gisement de cuivre carbonaté bleu de Chessy.
C'était le seul minerai que l'on exploitât pour en
retirer du métal. Le carbonate était disséminé en
rognons dans une roche ayant l'apparence du
grès. Le minerai, débourbé par une machine fort
ingénieuse, imaginée par Cagniard-Latour, était
fondu au fourneau à manche. Le cuivre était ensuite purifié et transformé en *cuivre rosette*.

Nous dessinâmes les fourneaux, le patouillet,
nous fîmes une collection des roches des environs,
des minerais au nombre desquels figuraient de
magnifiques échantillons de cuivre carbonaté
bleu et vert. Je vis, pour la première fois, près de
Chessy, des ammonites vraiment gigantesques.

Travaillant tout le jour, rédigeant le soir, les
journées se passaient rapidement. Nous nous
trouvions très confortablement dans l'auberge de
Saint-Bel ; on causait, le soir, sous la grande
cheminée de la cuisine : c'est là qu'on nous raconta
l'histoire suivante :

Les mines de cuivre appartenaient alors à la
famille J***, nom bien connu en métallurgie. Or,
Mme J*** s'était fait enlever par un acteur célèbre
de l'Opéra-Comique, Elleviou. Il était arrivé à

Chessy déguisé en rétameur de fourchettes, puis avait disparu avec madame. C'était sous l'Empire. Je crois qu'il y eut divorce et que Mme J*** épousa son ravisseur, qui, depuis, fut maire d'une commune. — Dans ma jeunesse, j'ai vu jouer Elleviou dans l'*Enfant prodigue*. Toutes les femmes du Directoire en raffolaient.

Je laissai Leferme aux mines de cuivre et revins seul à Saint-Étienne. Je fis le voyage tout d'une traite par la montagne. Je quittai Saint-Bel à cinq heures du matin, à jeun, et fut pris d'une fringale atroce dans une forêt de pins. J'avais marché pendant sept heures. je crus que je n'arriverais jamais. Je me restaurai avec une omelette de douze œufs, du fromage et une bouteille de vin. Après un repos d'une heure, je me remis en route, je parcourus un pays très accidenté, montées et descentes, et j'arrivai à minuit à Saint-Étienne. J'avais marché dix-huit à dix-neuf heures.

Le lendemain je repris mes travaux de laboratoire, et fis plusieurs analyses de produits métallurgiques de Saint-Bel et Chessy.

Enfin les grandes vacances arrivèrent, et la distribution des prix eut lieu. J'obtins le premier prix de la seconde division : un beau niveau d'eau. Ce fut mon premier et mon unique succès scolaire.

L'assistance était nombreuse à la distribution des récompenses. Il y avait de *belles dames*, comme nous disions, dans l'auditoire. La plus belle, la plus jeune, la plus fraîche était, sans contredit, la mère de Baude, or, Baude avait près de trente ans. La femme de l'ancien préfet de l'Empire devait avoir une cinquantaine d'années. Comment paraissait-elle si peu âgée? Nous apprîmes que sa jeunesse tenait à du rouge, du blanc, du noir appliqués sur le visage. Ce fut pour moi et pour la plupart de mes camarades la première notion sur la mise en couleur des figures humaines.

Avant de partir pour Paris, plusieurs élèves m'accompagnèrent à la mine de houille incendiée de la Ricamarie, entre Saint-Étienne et Firminy. Nous y allions souvent. Dans une salle basse de l'habitation d'un paysan il se déposait, sur les parois, une assez forte proportion d'un sel blanc, cristallin, que j'avais reconnu être du chlorhydrate d'ammoniaque d'une grande pureté. Pour les usages du laboratoire nous avions préparé, en lessivant bien les déblais accumulés de ces murs, une provision de sel ammoniac. Par l'effet de la chaleur souterraine, le sol présentait de nombreuses crevasses extérieures qui émettaient de véritables fumerolles contenant des vapeurs de chlorhydrate d'ammoniaque. Dans la maison sur les parois de laquelle se faisaient ces dépôts de sel ammoniac, en cristaux ou en masses compactes, cristallines, pesant près d'un kilogramme, vivait un fou, qui se croyait et se faisait passer pour Jésus-Christ. C'était un homme à barbe rousse, à peine vêtu. Il passait ses hivers dans une salle chauffée par le courant d'air chaud provenant des fissures du sol et, comme il n'y avait ni portes ni fenêtres à l'habitation, il échappait ainsi à l'asphyxie. Ce nouveau Christ avait une double folie : il priait et prêchait continuellement. Les femmes de la Ricamarie ne le laissaient manquer de rien, elles le vénéraient comme le Christ.

Cette abondante production d'un sel ammoniacal par le fait de la combustion spontanée de la houille, m'intéressait d'autant plus qu'à l'occasion d'une lettre publiée par M. Abel de Rémusat sur l'existence de deux volcans brûlant dans la Tartarie Centrale, M. Cordier avait écrit : « Les mines de houille embrasées ne produisent jamais de sel ammoniac, et il est évident qu'elles n'en sauraient produire (1). »

Je rédigeai, au nom des élèves mineurs, une note : « Sur le sel ammoniac que produit une mine de houille incendiée. » Cette note, très peu agréable pour M. Cordier, a été imprimée dans les *Annales de chimie et de physique*.

Pour retourner à Paris, nous résolûmes, Benoist et moi, de passer par Clermont et de prendre la route du Bourbonnais, afin de voir la partie volcanique de l'Auvergne. Deux élèves, Remmel et Leferme, devaient nous accompagner.

Le secrétaire de l'École nous conseilla de coucher au château du Soleil, dans la plaine de Montbrison, un vieux domaine d'aspect un peu féodal. Le propriétaire était absent quand nous arrivâmes, nous l'avions probablement croisé en route. Nous fûmes néanmoins parfaitement reçus par sa gouvernante, une femme encore très jeune et belle, comme les Foréziennes. On sait qu'à Paris les grands cafés recherchaient les femmes du Forez pour occuper les comptoirs. La beauté de la limonadière devenait alors une cause de succès

(1) *Annales de chimie et de physique*, t. XIV, p. 312, iie série.

pour l'établissement. « La belle limonadière du joli café du Bosquet, » comme disait une chanson de l'époque, était des environs de Montbrison.

La gouvernante nous fit un excellent souper. C'était une paysanne à informations : elle nous parla des étangs, des cultures. L'histoire du paysan qui nous servait à table montrera combien était grande la superstition dans le pays. Ce pauvre homme, comme la plupart de ceux qui l'entouraient, avait été pris par les fièvres. Un sorcier lui avait ordonné, comme moyen de guérison, de manger un morceau de sa propre chair, après l'avoir fait cuire. Le malade eut la sottise et le courage de se couper un assez gros morceau de la fesse qu'il fit rôtir pour le manger, conformément à la prescription. Il manqua mourir de l'opération, il garda la fièvre et, lorsque nous le vîmes, il marchait encore avec difficulté. La foi est une force sublime. Comme on le raillait sur le traitement inutile auquel il s'était soumis, il répondait qu'il était persuadé qu'il n'avait pas pris de son derrière un assez gros morceau de viande.

Nous continuâmes notre route le lendemain, au point du jour, après avoir remercié la « belle limonadière du joli café du Bosquet » et nous explorâmes les bords charmants du Lignon de l'Astrée. Nous reconnûmes, dans cette partie du Forez, de magnifiques granits à grands cristaux de feldspath. Sur le bord de la rivière, notre attention fut attirée par des matières gluantes sphériques, ayant l'apparence de grappes de raisin. Sur quatre élèves, nous étions trois Parisiens, et pas un ne devina que nous avions sous les yeux des œufs de grenouilles.

Nous allâmes coucher à Thiers, où un conglomérat basaltique nous intéressa beaucoup; puis nous continuâmes notre route sur Clermont-Ferrand, en traversant cette plaine si fertile de la Limagne. De là nous rayonnâmes, pour étudier les volcans éteints. C'est en Auvergne que je vis en place, pour la première fois, ces trachytes que je devais étudier dans les Andes.

Nous escaladâmes le Puy de Dôme. On tailla je ne sais combien d'échantillons de *domite*, ce trachyte boursouflé qui a porté M. de Montlosier à considérer le Puy comme une bulle colossale. Il n'y a rien d'impossible à cette hypothèse.

Sur le sommet de la montagne on jouit d'une vue splendide. On y pense naturellement à l'expérience sur le baromètre recommandée par

Pascal et exécutée en 1648 par son beau-frère
Périer, en nombreuse compagnie.

Je ne puis dire que je descendis du Puy de
Dôme, je me coulai, tantôt à plat ventre, tantôt
sur le dos, m'accrochant aux herbes, en suivant
la ligne de plus grande pente, dirigée sur Clermont. Les autres reprirent le chemin que l'on
avait suivi en montant.

En quelques jours nous visitâmes la fontaine in-
crustante, quelques *puys*, et nous nous séparâmes.
Benoist et moi, nous prîmes la route du Bourbonnais, en passant par Riom, Gannat, Vichy,
La Palisse, Moulins, Nevers, La Charité, presque
toujours à pied. A Montargis, l'aubergiste, en
voyant mon nom inscrit sur son registre, m'apprit
qu'il y avait plusieurs familles Boussingault dans
le pays et aux environs. De Montargis, nous allâmes à Fontainebleau, en passant par Nemours.
Nous prîmes gîte quelquefois dans des auberges
impossibles : c'est que les fonds étaient très
bas ; la géologie de l'Auvergne nous avait ruinés.

Nous logeâmes dans un cabaret à l'entrée de la
ville. Nous eûmes un fort bon souper, mais on
nous fit coucher dans une chambre pourvue de
je ne sais combien de lits. Par les objets qui les

entouraient, on pouvait juger de la profession des voyageurs qui les occupaient : marchands de parapluies, joueurs d'orgue, et aussi toute une famille de saltimbanques, femmes, enfants, encore vêtus de leurs maillots, de leurs vestes remplies de paillettes. L'odeur de cette réunion était peu agréable, aussi, avant le jour, étions-nous en route.

Nous déjeunâmes à Étampes, suivant nos moyens, nous fîmes la sieste sous un pont et, à la tombée de la nuit, nous entrions à Paris.

La rue de la Parcheminerie me parut bien triste ; c'est que je venais de vivre en plein air, dans les montagnes du Forez et de l'Auvergne. La famille me consola. On m'attendait ; on tua le veau gras. Ma pauvre mère se trouvait tellement heureuse, que j'en étais tout joyeux, et mon frère prenait plaisir à me faire raconter ce que j'avais vu ou fait. J'étais un peu fatigué ; on l'eût été à moins ; car, sur la fin, nous avions fait des marches forcées : c'était une nécessité, l'argent allait nous manquer.

Les vacances furent courtes, par la raison que le voyage avait été long. Je ne sais trop ce que je fis à Paris. Pas grand'chose : promener mon costume de mineur, qui faisait grand effet, dans le quartier, voir nos amis, visiter les collections géologiques, accomplir quelques excursions pour étudier le terrain de Paris.

Le milieu dans lequel j'avais été élevé n'était déjà plus mon milieu : cela se conçoit, j'avais beaucoup vu, l'horizon s'agrandissait.

Les vacances passées, je retournai à Saint-Étienne, avec Benoist et, cette fois, un peu plus commodément, usant de voitures de temps en temps et emportant des sacs un peu plus légers que la première fois. On avait cependant remonté ma garde-robe à Paris.

Après avoir traversé la Bourgogne, nous visitâmes les granits des environs d'Autun, dans lesquels on avait trouvé un gisement d'*uranite*. Nous avions décidé que nous passerions par le Creusot. La houille que l'on exploitait alors dans cette localité servait à une fabrique de cristal.

Notre camarade Fourneyron dirigeait alors les travaux des mines. Nous éprouvâmes bien du plaisir à nous retrouver avec lui. Il venait d'échapper miraculeusement à un accident qui aurait pu lui être fatal. En descendant dans un puits, pour la première fois, par une échelle, le pied lui manqua, après avoir accompli une partie de la descente ; il tomba, entraînant ceux qui le précédaient dans sa chute. C'était le fils du propriétaire, M. Chagot, et un maître-mineur. Ils se retrouvèrent tous les trois au fond du puits, plus ou moins maltraités, mais sans fractures de membres. Fourneyron boitait un peu : il était tombé d'une hauteur de dix-sept mètres, sur les deux autres, qui avaient fait matelas.

Nous déjeunâmes avec M. Chagot, qui venait d'acquérir le Creusot pour une somme insignifiante, car l'établissement avait alors peu d'importance, on recherchait dans les mines le fer carbonaté des houillères. Nous fîmes connaissance, là, de deux élèves de l'École des mines de Paris, MM. Lamé et Clapeyron. Du Creusot, nous nous rendîmes à Saint-Étienne en passant par Lyon. Je logeai encore dans la petite maison dont j'ai parlé, et qui était sur les bords du Furens vis-à-vis l'École, j'avais toujours mon ami Lalance pour camarade de chambre.

Cette deuxième année fut bien employée, j'enseignai à mes condisciples les procédés d'*essai par la voie sèche;* j'examinai aussi quelques eaux minérales, entre autres celles de Saint-Galmier. M. Thibaud pensa à en extraire le carbonate de soude, ainsi que Berthier l'avait proposé pour l'eau de Vichy; mais mon analyse démontra que l'eau de Saint-Galmier contient beaucoup moins de bicarbonate alcalin que celle de Vichy.

J'entrepris aussi des analyses d'acier, à l'instigation de M. Beaunier, qui avait établi une fabrique d'acier à la Bérardière, que j'allais parfois visiter. On y avait fait venir quelques ouvriers alsaciens. Parmi ces ouvriers alsaciens se trouvait à ce moment Jacob Holtzer, le fondateur des aciéries d'Unieux, dont le fils devint mon gendre; on cémentait du fer de Rives (Isère), qui était ensuite fondu au creuset et coulé en lingotières, puis étiré au martinet. C'était un établissement à l'état d'embryon, dans lequel on perdit passablement d'argent. L'usine marcha mieux quand, sur la recommandation de M. de Gallois, on employa des ouvriers anglais, conduits par un gros homme, M. Jackson, un ancien perruquier.

En 1819, une analyse d'acier était impossible. J'examinai le fer de Rives, les aciers fondus fabriqués avec, et je n'obtins aucun

résultat, ou plutôt j'obtins des résultats inac-
ceptables. Je constatai cependant un fait qui est
resté dans la science : c'est que le fer et l'acier
renferment du silicium en faibles proportions.

Nous avions, dans le laboratoire, un excellent
fourneau à vent, en tout semblable à celui de la
Bérardière, j'y fondais facilement l'acier. Une fois
même, je réussis à y fondre deux ou trois cents
grammes de fer de Rives, et mon succès faillit me
coûter cher. On avait négligé de sécher la lingo-
tière, il arriva qu'au moment d'y couler le métal il
y eut une explosion et une effroyable projection de
globules de fer, les vitres du laboratoire furent
brisées, mais pas un des projectiles ne m'atteignit.

Descotils avait annoncé qu'en chauffant du platine avec du charbon on obtenait un composé
du métal avec le carbone. Dans nos essais sur
l'acier, ce sujet ne pouvait manquer de m'intéresser. Je répétai l'expérience de Descotils en
chauffant des lames de platine dans un creuset
brasqué, j'obtins un magnifique culot dans
lequel, au lieu de carbone, je découvris du silicium. Il fut ainsi établi que le silicium, que l'on
connaissait à peine, s'unissait au platine. Plus

tard Berzélius, ayant répété l'expérience, arriva au même résultat.

J'avais été obligé d'employer une très haute température. La cheminée du four à vent rougit jusqu'à une hauteur de deux mètres; et, comme la gaine dans laquelle elle débouchait n'était séparée des bois que par une épaisseur de brique insuffisante, je mis le feu à la bibliothèque de l'École. On s'en aperçut à temps, et il n'y eut aucun dégât. Je rédigeai un mémoire sur la combinaison du silicium avec le platine et sur la présence du silicium dans le fer et l'acier. Ce fut mon premier travail, et l'un des meilleurs que j'aie publiés, j'avais dix-huit ans. Vers le milieu de l'année, les services que je rendais dans le laboratoire, en exerçant les élèves aux manipulations, décidèrent le conseil à me mettre hors concours. Ce fut Dyèvre, un élève de Bretagne, qui fut lauréat de la première division.

J'aurais désiré rester attaché au laboratoire, même avec un traitement minime, ce n'était pas possible. Je fus d'ailleurs proposé pour la direction des mines de Lobsann (Bas-Rhin), près Soultz-sous-Forêts. Cette houillère était tout simplement un gisement de lignite, chargé de pyrite, avec les-

quels on voulait fabriquer de l'alun et du sulfate
de fer. Le gisement était dans un terrain de calcaire tertiaire analogue à certaines assises du
terrain parisien. On y exploitait aussi des couches
de sable bitumineux, que l'on traitait pour
extraire du brai minéral.

La mine était de peu d'importance et ne donnait
aucun profit. Aussi mes émoluments se ressen-
taient-ils de la prospérité de l'affaire : douze cents
francs par an, logé, chauffé, éclairé.

M. Beaunier m'engagea à visiter, avant de me
rendre en Alsace, les gisements de bitume du département de l'Ain, et les vitrioleries des environs
de Beauvais, dans lesquelles on fabrique, avec les
tourbes pyriteuses, du sulfate de fer et de l'alun.

Je partis avec Remmel, Dyèvre, Lalance, qui
devaient m'accompagner jusqu'à Lyon. Nous nous
arrêtâmes à Rive-de-Gier pour visiter les mines
les plus profondes de cette région. C'était une
petite fête. Il y avait là des camarades avec lesquels nous fîmes un souper d'adieux.

Le jour suivant nous arrivâmes à Lyon d'assez
bonne heure ; nous prîmes gîte dans une auberge.
quai de Saône. Nous employâmes trois jours pour
voir la ville et les environs, les églises, les monu-

ments ; et nous fîmes des excursions à l'île Barbe et à Fourvières. Après avoir examiné l'emplacement où de Thou et Cinq-Mars eurent la tête tranchée, nous entrâmes au Palais Saint-Pierre, pour voir la galerie de tableaux, le musée d'histoire naturelle.

Nous parcourions la galerie du rez-de-chaussée, où sont placées les antiquités romaines, les bustes intéressaient Remmel, un artiste. En passant devant une salle, il nous sembla entendre une voix développant une proposition de géométrie, et nous eûmes la curiosité d'entrer pour écouter.

Un professeur, demi-vieux bonhomme, faisait une leçon de trigonométrie devant sept ou huit auditeurs endormis. Notre tenue, très convenable, notre uniforme de mineur à collet brodé d'or, indiquaient notre profession et établissaient que nous n'étions pas les premiers venus et que nous devions comprendre une démonstration. Cependant, à notre grand étonnement, le professeur nous pria de sortir. Nous fîmes quelques observations, il nous mit à la porte, nous nous vengeâmes en riant aux éclats.

Singulier retour des choses d'ici-bas, douze ou treize ans plus tard, après avoir parcouru une partie du globe, après avoir escaladé les volcans de l'équateur, je rentrais dans ce même Palais Saint-Pierre, d'où j'avais été chassé par un cuistre, pour y installer, en ma qualité de doyen, la Faculté des sciences de Lyon.

Après m'être séparé de mes camarades, que je ne devais plus revoir, je passai dans le département de l'Ain. Un peu avant d'arriver à Belley, j'éprouvai un accident qui faillit me coûter la vie. J'avais chaud, je mourais de soif; j'entrai dans un cabaret où on me servit un verre de bière, que j'eus l'imprudence d'avaler d'un trait. La boisson était glacée, je fus pris aussitôt d'une douleur d'estomac, d'un spasme qui m'empêchait de respirer. Heureusement la douleur ne persista pas, ou plutôt elle se calma, car j'eus le bon sens de me remettre en route, afin de transpirer; une heure après, je ne sentais plus rien. Je dînai de très bon appétit à Belley, où je crois que je couchai.

Le jour suivant, j'arrivai à Seyssel, où un Anglais, M. Taylor, exploitait la mine de bitume. Le propriétaire était absent; mais je fus très bien accueilli par son représentant, un jeune Genevois, M. Fazy, qui fut frappé de ma ressemblance avec son frère, devenu depuis fameux dans la démocratie.

A Seyssel, je suivis la fabrication du mastic bitumineux. On y trouve le bitume à deux états, imprégnant un sable quartzeux, imbibant un calcaire. Par l'ébullition avec de l'eau, on extrait le bitume du sable que l'on mêle ensuite, à chaud, avec du calcaire bitumineux pulvérisé. On coule en blocs le mastic résultant de ce mélange.

C'était alors un produit complètement nouveau. Plus tard, il acquit une grande importance. On voulut d'abord en couvrir des terrasses, mais c'est comme dallage de trottoirs qu'on l'employa dans la suite.

Les gisements de Seyssel sont importants; l'usine devint considérable. Je dessinai les appareils, les fourneaux, et c'est cette industrie que j'introduisis à Lobsann.

En sortant de l'usine de Seyssel, placée dans une situation magnifique, sur les bords du Rhône, je gagnai Nantua, où je passai la nuit. J'y ai mangé, pour la première fois, un coulis d'écrevisses.

Après avoir visité le lac, je me mis en route pour Paris, mon petit sac sur le dos, mon marteau de mineur à la main, et, dans la poche de mon uniforme, mon premier *mémoire* « sur la combinaison du silicium », la base de ma fortune scientifique. En fait, il fut très bien accueilli, excepté par Berthier, qui le dénigra, et qui affecta d'admettre l'exactitude de mes expériences jusqu'à ce que Berzélius les eût confirmées.

Je pris par Bourg, le pays du chanvre, et je fus frappé de la mauvaise mine des paysans, on ne voyait que fiévreux, atteints de fièvres paludéennes, que l'on attribuait aux émanations miasmatiques de la contrée et surtout à celles provenant du rouissage. C'est en traversant ce pays malsain que je conçus, pour l'exécuter plus tard, dans des contrées encore plus éprouvées par ces maladies, le projet de rechercher les miasmes dans l'atmosphère.

J'étais tellement pressé d'arriver à Paris, que je vis peu de chose pendant le reste du voyage. Si j'en avais eu les moyens, j'aurais volontiers pris la poste, mais ma bourse était trop légère, la chose n'était pas possible.

Je regagnai la route du Bourbonnais, et j'arrivai à la maison tellement hâlé, qu'on ne m'y

reconnut pas tout de suite. Que ma maison et
ma rue me parurent tristes, cette fois ! Heureusement pour moi, la présence de ma mère em-
bellissait toutes les situations. Les enfants un
peu doués, laborieux, décidés (j'en avais donné
des preuves), sont généralement adorés de leur
mère, à moins que celle-ci ne soit une femme
vulgaire. Le père, le reste de la famille peuvent
ne pas les comprendre, les blâmer même sur la
direction qu'ils ont prise, la mère intelligente ne
s'y trompe jamais.

Après quelques jours de repos, je brossai bien
mon unique habit aux marteaux d'or, je mis mon
plus beau pantalon, du linge irréprochable.
Maman voulut absolument me pommader, ce qui
fut fait, et je m'acheminai chez M. Gay-Lussac,
pour lui présenter mon mémoire *sur le siliciure
de platine*. Or, à cette époque, quand un élève
encore très jeune devait parler à un savant célèbre, il se trouvait passablement embarrassé,
ou plutôt intimidé. J'allais paraître devant un
homme illustre, dont j'avais étudié, admiré les
travaux, l'auteur de la découverte du cyanogène,
de la loi sur la combinaison des gaz, dans des

rapports simples, suite de l'observation qu'il avait faite avec Humboldt du rapport de 2 à 1, dans la combinaison de l'hydrogène avec l'oxygène pour former de l'eau.

Je sais bien qu'aujourd'hui un rapin scientifique quelconque dirait : « Le cyanogène, qu'est-ce? C'est l'union de l'azote et du carbone. La loi sur les combinaisons gazeuses n'était pas malaisée à trouver. » La jeunesse aujourd'hui ne respecte pas les maîtres. Ce manque de respect ne peut pas lui être reproché, car, dans l'étude des sciences, on ne l'initie plus à l'histoire des découvertes. Les jeunes savants de l'époque actuelle ne connaissent Lavoisier que parce que les communards de 93 l'ont guillotiné. Nous, en 1819-1820, nous connaissions l'histoire de la science, et nous admirions ceux qui l'avaient enrichie par leurs travaux.

Gay-Lussac demeurait à l'Arsenal, en sa qualité de *chimiste de la commission des poudres et salpêtres*. Je sonnai : une femme jeune, en bonnet blanc, camisole blanche, jupon blanc, vint m'ouvrir. Comme l'*ouvreuse* ne portait pas de tablier, j'en conclus qu'elle n'était pas une domestique; en effet, elle m'introduisit dans la salle à manger, en disant : « Mon ami, un tout jeune homme veut te parler. »

Gay-Lussac était debout, prêt à sortir, lorsque j'entrai. Il cessa une lecture à haute voix, resta dans la même position et ne me fit pas asseoir, en donnant pour excuse qu'il allait sortir pour faire une leçon.

Gay-Lussac était grand, ni gras ni maigre, dans la force de l'âge, visage assez grêlé, sérieux. On apercevait ses yeux fatigués, malgré les lunettes, qu'il ne quittait jamais.

Il m'accueillit avec bonté. Je lui remis mon mémoire, il lut le titre et il parut bien surpris, quand je lui dis qu'en fondant, à une très haute température, le platine dans un creuset brasqué, on obtenait un culot qui ne renfermait probablement pas de carbone, mais qui très certainement contenait du silicium.

— Ainsi, me dit-il, Descotils s'est trompé.

Je lui donnai aussi de beaux échantillons de sel ammoniac de la mine incendiée de la Ricamarie.

Il me questionna sur la lampe de sûreté de Davy, que l'on commençait à introduire dans les houillères de la Loire ; il sortit avec moi pour aller à la Sorbonne, après m'avoir assuré qu'il lirait mon travail et qu'au cas où il s'en formerait un jugement favorable, mon mémoire serait inséré dans les *Annales de chimie et de physique*.

Je revins chez moi rayonnant de l'accueil de l'illustre chimiste.

Je puis affirmer que l'idée que je me formai sur Gay-Lussac, après ma visite, était vraie. Caractère droit, ferme, bienveillant, mais froid, inspirant peu de sympathie. J'ai su depuis qu'il y avait eu deux Gay-Lussac. Celui de la jeunesse, passionné pour la science, et celui de l'âge mûr, que les nécessités de famille avaient rendu passablement intéressé.

Il avait alors quarante-deux ans, étant né en 1778, à Saint-Léonard. A sa sortie de l'École polytechnique, il devint élève de Berthollet; très jeune encore, il épousa une ouvrière sur modes qu'il mit d'abord dans un pensionnat. Mme Gay-Lussac fut une excellente mère de famille.

Avant de me rendre en Alsace, j'allai en Picardie, visiter les tourbières pyriteuses, pour étudier la fabrication du sulfate de fer et de l'alun.

A mon retour, je passai quelques jours à Paris.

puis je partis pour Strasbourg, cette fois *en diligence*, ma première diligence !

A Château-Thierry, la rupture d'un essieu nous
obligea à coucher dans cette ville. On arriva ensuite sans encombre à destination.

Je fis une visite à M. Dournay, l'un des propriétaires des mines de Lobsann. La famille Dournay était tout ce qu'il y a de plus strasbourgeoise.
De nombreuses réunions, des repas à n'en plus
finir, des montagnes de saucisses, des oies... et
une grosse gaîté ; la conversation, un mélange
d'allemand et de français ; les chansons après
boire, et l'on buvait beaucoup ; la vie large de
province était la règle de conduite. Mme Dournay
était de Mayence, assez jolie et, comme trait ca-
ractéristique, avait des yeux *perforants*.

J'avais, je l'ai déjà dit, deux lettres pour Strasbourg : l'une adressée à M. Hecht, pharmacien.
Je trouvai un gros homme, fumant son énorme
pipe « pour s'inspirer », disait-il. Il avait été
préparateur de Vauquelin. Pour constater l'ardeur
que les jeunes gens admis dans le laboratoire
pouvaient avoir pour la science, il les soumet-
tait à une singulière épreuve. Il donnait au néo-
phyte une substance très dure, qu'il devait

réduire en poudre impalpable dans un mortier d'agate. Le jour suivant Hecht tâtait la poudre et disait : « Pas encore assez fin, continuez, » et ainsi tous les jours. Hecht assurait qu'aucun n'attendait le septième jour pour renoncer à l'étude de la chimie.

L'autre lettre était pour M. Voltz, ingénieur en chef des mines. Il avait été le condisciple de M. Le Boulanger à l'École polytechnique, et à l'École des mines de Moutiers. Il est devenu un géologue très distingué, une partie de sa vie se passa à étudier l'Alsace. Il observait bien, rédigeait difficilement, publiait peu. Il a laissé des matériaux qui n'ont pas été perdus. Il devint pour moi, pendant le peu de temps que je séjournai à Lobsann, un excellent maître de géologie, car je l'accompagnais dans ses excursions.

Voltz vivait avec des parents fort âgés, types de Strasbourgeois protestants, je fus admis dans la famille, le père, ancien cafetier, était fort considéré. Ce fut chez Voltz que je fis la connaissance d'Engelhardt, préparateur à la Faculté des sciences de Strasbourg, garçon instruit, bon dessinateur, qui s'occupa plus tard, avec succès, de l'étude des fossiles du Bas-Rhin. Il fut ensuite

directeur des forges de Niederbronn, se maria
sottement, et, ce qui est pire que l'isolement, il
ne supporta plus que la société d'une femme
bizarre, maniérée, aussi son intelligence s'affais-
sa rapidement. Quant à Voltz, c'était un travail-
leur infatigable. Rien de plus amusant que le
dédain qu'il professait pour les savants de Paris.
Plus Allemand que Français, en parlant des
Parisiens, il ne manquait jamais de dire : « C'est
l'opinion de la boutique de Paris. » C'était un
républicain très avancé, intolérant, peu socia-
ble, puritain en religion. Quand, plus tard, je
l'ai retrouvé inspecteur général des mines, la
boutique de Paris ne lui semblait plus si peu de
chose : elle l'avait mis en avant pour une place à
l'Académie, où il serait entré, si la mort ne l'eût
enlevé prématurément. Au demeurant, bon ami,
homme sûr. Je le voyais souvent.

Je partis de Strasbourg pour me rendre aux
mines, avec M. Berger, agent comptable, ancien commissaire de police de Cassel, un plai-
sant bonhomme, sachant une foule d'anecdotes
scandaleuses. Nous étions en char à bancs,
il faisait un froid excessif, nous aurions été

gelés, si nous n'étions arrivés à Haguenau pour dîner.

Vers le soir, nous étions à la direction des mines, une misérable petite maison, à une demi-lieue du village de Lobsann. Je trouvai là un vieillard de quatre-vingts ans, M. de Rosenstrit, que l'on expulsait par autorité de justice. Les travaux se trouvaient près de la maison, en pleine forêt.

On exploitait un lignite de très mauvaise qualité, très pyriteux, en couches peu épaisses, disposées en bandes noires parallèles, dans un calcaire blanc rempli de coquilles marines, un vrai calcaire parisien. Dans une galerie d'un à deux mètres, on attaquait cinq ou six zones noires ou *rubans*. Ce lignite servait uniquement au chauffage des chaudières en fonte dans lesquelles on faisait bouillir le sable bitumineux pour en désagréger le bitume, qui surnageait et que l'on enlevait avec une écumoire. Après avoir été égouttées dans un réservoir, ces écumes étaient mises dans une grande chaudière conique, à parois en maçonnerie et à fond en fonte. On chauffait, pour chasser l'eau et, après un repos de deux jours, on décantait le bitume, dit *poix minérale*.

On en vendait fort peu, le calfatage le repoussait parce qu'il était trop siccatif, il fallait trouver d'autres débouchés.

Ce bitume, très consistant, presque solide, même cassant, en temps froid, fut employé dans les essais que je fis alors pour introduire en Alsace l'industrie du mastic bitumineux, que j'avais trouvée établie à Seyssel. Je découvris heureusement du calcaire brun bitumineux, les essais furent satisfaisants. On finit par employer ces produits fabriqués au dallage des trottoirs et dans les travaux des fortifications, puis, plus tard, les emplois du bitume se multiplièrent considérablement. Alors la concession fut acquise à un prix fabuleux par une compagnie qui ruina ses actionnaires.

Je puis dire qu'à Lobsann je vivais sous terre. J'étais dans toute la ferveur de ma profession de mineur. Je fis là mon premier percement et j'arrivai très juste ; c'est-à-dire que deux brigades d'ouvriers, parties de deux points opposés, devaient aller à la rencontre l'une de l'autre en perçant dans la roche. Ils arrivèrent à moins d'un décimètre ; l'écart dans la direction que je leurs traçais continuellement n'était pas de cette quantité. Ce succès me plaça haut dans l'estime des ouvriers. Avec quelle anxiété j'écoutais, dans une taille, les coups de pic des travailleurs du côté opposé avec lesquels nous devions faire la jonction! Il arriva là, dans ce travail qui dura près de trois mois, un incident qui prouve la superstition des mineurs.

Une nuit, le contremaître, un Saxon, ivrogne et braconnier, vint m'informer que le poste refusait de travailler à la taille, parce que l'on y entendait le marteau du *petit mineur*, être bienfaisant dont l'âme erre dans les souterrains, pour avertir les travailleurs d'un danger, en frappant des coups réguliers avec son marteau. Je descendis, et je trouvai, en effet, deux piqueurs et deux brouetteurs terrifiés.

On entendait un bruit sec, isochrone. Je m'avançai vers la taille, je ne vis rien, et je n'entendis plus rien; mais, à peine avais-je rejoint les ouvriers, qui se tenaient à une grande distance, que les coups de marteau se firent entendre de nouveau très distinctement. Les mineurs se sauvèrent pour gagner l'échelle, excepté maître Ubinger, que je retins par le collet, en le forçant à avancer avec moi. Nous découvrîmes enfin le *petit mineur ;* c'était le bruit de gouttes d'eau tombant régulièrement du toit sur le sol de la galerie, où se trouvait une planche portant à faux sur le sol, de sorte que la goutte produisait un bruit assez fort lorsqu'elle l'atteignait et, si ma présence avait fait fuir le *petit mineur,* c'était que les gouttes tombaient sur moi, quand j'étais sur la planche.

Berger, le comptable, avait organisé notre ménage, on dépensait peu, nous vivions bien. L'isolement était loin d'être absolu; Soultz-sous-Forêts se trouvait à une lieue, et les mines d'asphalte exploitées dans le même terrain tertiaire étaient à très peu de distance. Leur propriétaire, M. Le Bel, qui devint plus tard mon beau-père, me prit en grande amitié : la famille était nombreuse; je passais à Bechelbronn tout le temps dont je pouvais disposer, mes dimanches sans exception; on faisait la partie le soir, j'y couchais souvent. Le directeur de Bechelbronn, M. Mabru, neveu et beau-frère, par alliance, de M. Le Bel, était de l'Auvergne, instruit. Il possédait une collection de minerais très intéressante, et connaissait bien la géologie de l'Auvergne. Nous parlions souvent cratères.

Une des sœurs de Mme Le Bel, de Wissembourg,
Mme Piché, jeune et jolie veuve, blonde, courtaude,
venait fréquemment. En somme, on menait une
vie très agréable au Bechelbronn.

Il y avait deux enfants : Achille, alors en pension à Strasbourg, et une petite fille demi-sauvage,
vivant en plein air, Adèle, alors âgée de cinq
à six ans. On la laissait courir comme on l'eût
fait pour un garçon; hâlée, cheveux jaunes, jupons
d'étoffe grossière, pas élevée du tout, ne sachant
pas un mot de français, telle était alors la jeune
personne que j'épousai treize ou quatorze ans plus
tard, et qui est devenue la femme la plus gra-
cieuse, la plus aimable que l'on puisse imaginer.

J'ai connu, pendant ma courte station à Lobsann, plusieurs personnes dont j'ai conservé le
souvenir : d'abord les de Bury, de Soultz, le
mari, un ancien officier d'artillerie de l'armée
d'Italie, la femme, une caricature; un abbé Bar-
rois, faisant la cour à toutes les femmes; un garde
du corps, agissant dans la même direction.

J'allais quelquefois à Strasbourg. J'y connus
l'abbé Branthôme, professeur de chimie et doyen
de la Faculté des sciences, un Breton, j'imagine
d'une ancienne famille, homme du monde, très

original. Il cachait son origine. Ce que l'on savait de lui, ce qu'il avouait, c'est qu'ayant émigré, il avait, comme tant d'autres, supporté bien des misères en Allemagne. Il me racontait que, pour vivre, il teignait de la paille. Rentré en France à l'époque de la reconstitution de l'Université, les hommes manquant, il obtint la chaire de chimie à Strasbourg. M. Branthôme était un manipulateur très adroit, sachant la chimie de Lavoisier, professant sans talent, racontant des histoires. Chaque matin il disait sa messe à la cathédrale ; son préparateur était mon ami Engelhardt, toujours en l'air, verbeux, commençant mille choses à la fois, ne finissant jamais rien.

M. Branthôme m'avait permis de travailler dans le laboratoire de la Faculté, j'y fis connaissance d'Albert de Dietrich (qui m'apprit à valser), aujourd'hui propriétaire des forges de Niederbronn.

Le père Branthôme avait mis sa bibliothèque à ma disposition. Il me prêtait des traités sur les sciences occultes, — Albert le Grand, —à condition que je remettrais ces ouvrages au laboratoire *sous couvert*, pour qu'Engelhardt ne sût pas quels ouvrages me prêtait le prêtre professeur.

Dans mes séjours à Strasbourg, en sortant le soir du laboratoire, Engelhardt me menait boire une chope et manger une *Knakwurst* dans une brasserie où se réunissaient des étudiants, Allemands pour la plupart. Quels buveurs ! quels fumeurs ! quels parleurs !

Engelhardt ne m'entretenait que de sa fiancée, pendant le souper. J'écoutais, la bouche pleine, la meilleure manière d'écouter, c'était une géante, ayant une dizaine d'années de plus que lui. Après la deuxième chope, il était attendri, à la troisième il pleurait. Il se maria, sa femme le rendit très heureux, en l'abrutissant. Elle se posait en bergère, vivait dans l'idéal le plus absolu. On assure qu'elle lui en aurait fait voir de cruelles, s'il n'avait été tout à fait myope.

Malgré mes occupations obligées, mes distractions, je ne négligeais pas d'augmenter mon instruction.

Dans le puits Dandré, au milieu de l'argile, j'eus l'heureuse chance de trouver un fossile (une mâchoire) nouveau, que Cuvier a décrit. Cette mâchoire est dans la collection du musée de Strasbourg.

J'ai aussi rencontré d'assez beaux morceaux de

succin, dans le lignite, et j'ai pu détacher des palmiers (bois du palmier) transformés en lignite
dans du calcaire.

Il y avait quelques ouvrages aux mines, entre
autres l'*Architecture hydraulique* de Belidor, dont
j'ai fait une étude suivie ; livre excellent et que,
selon moi, les notes ajoutées par Navier, dans
une nouvelle édition, n'ont pas amélioré.

Ma grande ressource était la bibliothèque de
M. Le Bel, qu'il mit à ma disposition. J'ai lu autant que j'ai pu : beaucoup d'ouvrages littéraires,
voyages, histoires ; je lisais, la nuit, dans mon lit,
j'ai conservé longtemps cette funeste habitude.

En mai, ou juin 1821, j'allais quitter l'Alsace,
lorsqu'on apprit la mort de Napoléon Ier. Je me
trouvais à Strasbourg. Mme Dournay pleura. Ce
fut comme une calamité publique. Les paysans
ne croyaient pas à cette mort. Pour eux Napoléon
ne pouvait pas mourir. Dans mes connaissances
régnait une tristesse impossible à comprendre :
on eût volontiers pris le deuil si l'on eût osé ; la
haine contre les Bourbons, déjà si accentuée chez
les Alsaciens, le devint encore davantage.

Je viens de dire que je devais quitter Lobsann.

Il y avait un mois ou deux que mon ancien professeur de Saint-Étienne, M. Thibaud, me proposait d'entrer avec lui au service du Pacha d'Égypte. Il m'offrait six mille francs de traitement et un grade dans l'armée égyptienne, répondant à ce traitement. J'avais informé ma mère de la proposition de M. Thibaud. On fut loin de m'encourager à l'accepter, on voyait en Égypte tous les dangers imaginables, ma mère écrivit à mes amis d'Alsace de me dissuader d'entrer au service du Pacha. Je renonçai sans beaucoup de regret à cette aventure, car, d'après les impressions de mes lectures de voyages, je n'aimais pas l'Orient.

Il était écrit que je ne resterais pas en Europe, Je le désirais, il est impossible d'étudier la géologie, sans être tenté d'aller en lointains pays.

Presque toutes les possessions espagnoles, dans l'Amérique du Sud et au Mexique, étaient en insurrection contre la mère patrie, les guerres de l'Empire avaient laissé ces colonies à elles-mêmes depuis plusieurs années. Lorsque l'Espagne fut envahie par les armées françaises, la famille royale détrônée, Joseph placé sur le trône de Madrid, les colonies protestèrent, formèrent des *juntes*, afin de s'administrer elles-mêmes, en attendant la chute de l'empire français et la restauration de la royauté espagnole.

Lorsque les Bourbons ressaisirent le pouvoir dans la péninsule et promirent une constitution, le Mexique, le Pérou, la Nouvelle-Grenade se soumirent au gouvernement royal, constitutionnel.

Mais la constitution était à peine octroyée par Ferdinand VII, qu'il s'empressa de la violer, les libéraux espagnols furent poursuivis et mis à mort comme rebelles, les colonies se soulevèrent contre le souverain parjure, l'Espagne voulut les soumettre. Ce fut l'origine de la *guerre de l'Indépendance*.

Le général espagnol, Morillo, conduisit une expédition formidable, qui aborda à Vénézuéla, port de la Nouvelle-Grenade.

Après bien des succès et des revers, des cruautés inouïes exercées de part et d'autre, le pouvoir de l'Espagne alla s'affaiblissant de jour en jour. Bolivar, le chef du nouvel État comprenant le Vénézuéla, la Nueva-Grenada, l'Audience de Quito, la Colombie, créa une armée de partisans.

Un congrès, réuni à Angostura (Santa Tomas de
Angostura), sur les bords de l'Orénoque, pro-
clama, le 17 décembre 1819, les lois fondamen-
tales de la nouvelle république.

Plus tard, après de nouvelles victoires rempor-
tées par les insurgés, une assemblée constituante
confirma, en juillet 1825, dans la ville de Rosara
de Cucuta, les lois édictées à Angostura.

C'est de cette dernière ville, sur les bords de
l'Orénoque, alors que presque tout le territoire
colombien était occupé par les Espagnols, que
Bolivar envoya en Europe don Antonio Zéa, en
qualité de plénipotentiaire, pour demander la re-
connaissance du nouvel État et des secours en argent pour acheter des armes, des munitions, des
bâtiments de guerre.

Déjà le corps expéditionnaire de Morillo avait
été singulièrement éprouvé, disséminé, moins par
les combats que par les maladies engendrées sous
un climat fatal aux Européens.

Antonio Zéa eut, en outre, une mission spé-
ciale : celle d'envoyer en Colombie des jeunes
gens instruits pour fonder, à Santa-Fé de Bogota,
capitale de la Colombie, un établissement scienti-

fique, une école particulièrement destinée à former des ingénieurs civils et militaires.

Zéa était un botaniste habile, aimant les sciences. Bolivar avait assez vécu en Europe pour comprendre l'avantage que son pays retirerait d'une semblable institution.

Pour recruter des savants jeunes et déterminés, M. Zéa se mit en relation avec un jeune Péruvien, Mariano de Rivero, natif d'Aréquipa, élève de l'École des mines de Paris.

Ce fut par l'intermédiaire de Voltz, je crois, que M. Berthier, *mon ennemi*, me proposa, de la part de Zéa, d'entrer au service de la Colombie.

On m'offrait sept mille francs de traitement, un grade dans les ingénieurs, correspondant à ce traitement, et mon transport à bord d'un bâtiment de guerre. Je devais souscrire un engagement pour quatre années.

Il y avait des volcans actifs dans les Andes; je ne connaissais que les volcans éteints de l'Auvergne; je n'hésitai pas à tenter l'aventure.

Je partis donc pour Paris, où je devais naturellement employer quelques mois à me préparer pour l'expédition projetée. Je fus bien embrassé,

par tous et par toutes, avant mon départ. La nuit
qui le précéda, je couchai à Bechelbronn. Papa
Le Bel était bien ému, quand il me serra dans
ses bras. Mabru m'accompagna jusqu'à Lobsann ;
je restai très peu à Strasbourg, où Voltz me montra les roches que je devais rencontrer dans le
nouveau monde, les trachytes avec lesquels j'avais
déjà fait connaissance dans le Puy-de-Dôme, au
Puy de la Vache.

A Paris, je fus logé chez ma sœur, rue du Roi-
Doré, au Marais, mais presque tous les jours je
voyais mon père et ma mère. Le départ pour
l'Amérique n'étant pas immédiat, mon arrivée
était un bonheur pour la famille. Ma mère comprenait du reste ma résolution, elle ne doutait
pas du succès.

Nous étions dans les premiers jours de juin
1822, l'expédition devait quitter la France en octobre, je n'avais pas trop de temps devant moi
pour me procurer les instruments, les livres que
nous devions emporter, acquérir les notions qui
me manquaient.

Une de mes premières visites fut naturellement
pour le ministre de Colombie. On fit le contrat.

Je touchai deux mille francs pour l'entrée en campagne.

Zéa fut très convenable. C'était un homme voûté, vieilli avant l'âge, parce qu'il avait beaucoup souffert dans les llanos de Casana, spirituel, en relation avec le monde scientifique. Un emprunt fait en Angleterre ayant réussi, il se dédommageait de la misère par laquelle il avait passé en Amérique, à l'époque où il était proscrit, emprisonné, pendant que sa femme était à Paris. Voici dans quelles circonstances. En 1815, Zéa fut arrêté dans la Nouvelle-Grenade, avec quelques autres patriotes, entre autres Narino, traducteur des *Droits de l'homme*, on les envoya prisonniers en Espagne. Zéa, protégé par des amis, recouvra sa liberté, épousa une Espagnole et vint en France, où il mourait de faim. Il alla ensuite rejoindre en Amérique le général Bolivar, dont il partagea la bonne et la mauvaise fortune, et fut nommé vice-président du Congrès constituant d'Angostura. Sa femme et sa jeune fille restèrent à Paris, où, pendant quatre à cinq ans, elles vécurent dans une mansarde de la rue Mouffetard, travaillant à l'aiguille, gagnant à peine pour subsister.

Quand je fis la connaissance de la famille Zéa,

elle occupait un bel hôtel de la rue Caumartin, jouissait d'une grande opulence, avait voitures, livrée, voyait beaucoup de monde. Mme Zéa était encore très jeune, d'une rare beauté, quelques années après, elle épousa le général de Rigny. Mme Zéa, excellente femme, racontait très simplement ses anciennes misères, elle était encore fort bien, pleine de santé, cependant elle recevait les soins assidus d'un jeune médecin mexicain.

Je passais souvent, pour les affaires de notre expédition, une heure ou deux dans le salon, où l'on voyait toutes sortes de spéculateurs, intrigants, peut-être escrocs, flairant la caisse pleine.

C'est dans ce salon que je vis entrer une femme, mise dans un haut style, jolie, quoique d'un âge mûr... et si bien peinte ! Elle affectait des gestes et des manières d'enfant. M. Zéa me la présenta : c'était l'épouse de celui qui devait être mon chef, M. Lanz, colonel des ingénieurs résidant à Bogota. Mme Lanz, restée en France, mangeait la moitié des appointements de son mari, ayant toujours l'intention d'aller le rejoindre.

Ce jour-là, elle avait été du déjeuner d'Alibert, le fameux médecin de l'hôpital Saint-Louis, déjeuner dont on a conservé le souvenir ; les convives appartenaient pour la plupart au demi-monde. Quand elle sut que je partais pour la Colombie, elle prétendit que c'était une bonne occasion pour faire le voyage. Mme Zéa lui ayant fait observer que j'étais bien jeune pour la protéger : « Mais c'est moi qui le chaperonnerai, » dit-elle. C'était une plaisanterie, car elle se trouvait trop bien à Paris, où elle avait un grand succès.

Lanz, avec lequel j'ai vécu sous le même toit et dans la plus grande intimité, était un homme excellent, parfaitement élevé, ancien officier de la marine espagnole, auteur, avec Bethencourt, d'un traité très estimé : *Essai sur la composition des machines*, 1808. Il s'était marié dans un hôtel garni de Paris. Sa femme était la sœur de la maîtresse de l'hôtel, elle avait au plus seize ans, c'était une jeune paysanne fraîchement débarquée des environs de Metz. Le mariage eut lieu dans les premiers jours de la Révolution. Lanz vivait alors en préparant des jeunes gens à l'École polytechnique. Lorsque Joseph monta sur le trône d'Espagne, Lanz fut nommé préfet de Cordoue, fonction qu'il occupa jusqu'à l'expulsion des Français. Il revint en France avec Mme Lanz et accepta la place de directeur des ponts et chaussées à Buenos-Ayres. Il laissa Mme Lanz à Paris. L'argent n'arrivant pas de Buenos-Ayres, Madame monta sur les planches, elle jouait au théâtre des Jeunes-Élèves et réussit dans les rôles de soubrette.

Je vis encore, dans le salon de Mme Zéa, un vieillard très modestement vêtu, et portant un tablier. Le ministre de Colombie me le présenta : « C'est, dit-il, le père d'un jeune officier que vous rencontrerez en Amérique, le lieutenant-colonel Demarquet, l'un des aides de camp du *libertador*. » Ce brave homme reçut avec bonheur des nouvelles de son fils, et aussi un billet de mille francs que cet excellent fils lui envoyait.

J'ai été très lié avec Demarquet (Éloi), que j'ai connu à Quito, où il s'était marié. Il appartenait, sous l'Empire, aux pupilles de la garde, un régiment d'enfants formé pour la garde du roi de Rome, puis il entra dans l'armée active, avec le grade de sous-lieutenant, et fit partie des « brigands de la Loire ». Il fit comme beaucoup, après le licenciement de l'armée, il passa en Amérique. C'est à la Jamaïque qu'il rencontra Bolivar, alors qu'il avait été obligé de s'éloigner, après avoir été défait à Carthagène par les troupes de Morillo. C'est là que Bolivar recruta plusieurs militaires français qui suivirent sa fortune lorsqu'il revint au Vénézuéla.

Demarquet devint son premier aide de camp, il fit toutes les guerres de l'indépendance, à partir de 1816 ou 1817, il accompagna le libertador dans la campagne du Pérou. Avant la mort du général Bolivar, il était déjà retiré du service, faisait du commerce à Quito, à Lima, au Choco, gagna une assez belle fortune et vint s'établir à Paris, avec sa famille, il y mourut au commencement de 1870. Je prononçai une allocution sur sa tombe au cimetière du Père-Lachaise. Demarquet a été un honnête homme dans toute l'acception du mot. Dans sa difficile et dangereuse carrière, il eut beaucoup à souffrir dans le milieu où les circonstances l'obligèrent à vivre. Il était d'une gaîté charmante, qui n'excluait pas une grande sensibilité.

Un jour, — c'était dans une expédition contre la province de Pasto, cette Vendée de l'Amérique Méridionale où j'ai eu de singulières aventures; — un rapport au quartier général informait qu'un soldat, Espagnol de nation, avait raconté au bivouac qu'il avait vu défiler une colonne ennemie dont il détaillait l'uniforme : habits verts, collets jaunes. Son récit, débité sérieusement, avait impressionné ses camarades, on le fit venir. Il s'excusa en affirmant qu'il avait voulu plaisanter, qu'il avait voulu tout simplement indiquer une bande de perroquets au plumage vert et jaune. Le général dicta à Demarquet un ordre enjoignant au chef de corps de faire passer par les armes le pauvre diable, Demarquet essaya d'intervenir; le général fronça les sourcils, et quels sourcils! Demarquet laissa tomber une larme sur le papier. Alors Bolivar lui frappa sur l'épaule en lui disant : « C'est bien, colonel, vous êtes sensible, c'est bien ; l'ordre est signé. » Et une demi-heure après on fusillait le soldat.

Comme conséquence de la loi sur le divorce, Demarquet avait deux pères et deux mères. Il a toujours conservé de bonnes relations avec les quatre époux.

Après m'être mis en règle avec la légation colombienne, je fis une visite à Berthier. Il était petit, laid, avait la figure grêlée comme une écumoire, les yeux bleus, était d'une raideur insupportable, le plus désobligeant des mortels pour ceux qui n'avaient pas ses sympathies. J'étais de de ceux-là. Il me conduisit dans la collection géologique de l'École des mines, puis, me montrant une roche : « Qu'est-ce que cette pierre? me dit-il. Je vis qu'il voulait, en termes d'écolier, me *coller*. Je lui répondis net : « Je ne sais pas. — Et cette autre? — Je ne sais pas. — Et celle-ci? — Pas davantage... — C'est donc ainsi qu'on vous a enseigné la minéralogie à Saint-Étienne! J'en fais mes compliments à vos professeurs. »

Alors, me mettant à rire, je lui nommai ces roches et toutes celles qui me tombèrent sous la main, en lui faisant remarquer que j'avais trouvé fort singulier qu'il pût supposer un seul instant que je ne connusse pas les granits, les gneiss, les micaschistes... et il parut très piqué. Je ne le revis plus. La suite a montré que ce petit homme avait des mœurs ignobles. Il eut, sur la fin de sa vie, une affaire scabreuse devant les tribunaux. C'était au reste un habile docimaste.

Rivero et moi nous étions fort occupés à surveiller, à préparer les diverses commandes d'objets que nous devions emporter. C'est chez Rivero, dans le logement qu'il occupait dans un hôtel de la rue des Prouvaires, juste vis-à-vis l'église Saint-Eustache, que l'on concentrait les affaires : paiements de factures, etc.

Rivero, obligé d'aller en Angleterre, me laissa
seul chargé de tout le tracas. Pour ne pas perdre
de temps, je couchais ordinairement dans son
appartement.

Il m'arriva là un petit désagrément. Je dois
dire qu'avant son départ, Rivero m'avait présenté
au baron de Humboldt, que nous rencontrâmes
par hasard sur le Pont-Neuf. Le baron promit de
venir me voir pour me communiquer certains
desiderata. Un matin, j'étais occupé à mettre en
ordre une montagne de papiers, je vis entrer une
dame, encore jolie, avec un châle cachemire. Elle
pouvait avoir de trente à trente-cinq ans (âge de
l'émancipation). Elle me remit une lettre que je
devais faire parvenir à Rivero, puis elle commença
à pleurer, elle continua en sanglots et enfin eut
une véritable attaque de nerfs, je me trouvais
dans un cruel embarras. Je lui jetai de l'eau à
la figure, lui frappai dans les mains, rien n'y faisait, elle se tordait à faire frémir. Au milieu de
toutes mes perplexités, je vois entrer M. de Humboldt. Après m'avoir salué avec ce fin sourire
qui n'appartenait qu'à lui, il me fit signe de continuer mon pansement et se mit à regarder à la
fenêtre, par discrétion, tout en jetant, de temps

à autre, un regard sur la malade, qui reprit enfin connaissance, et me quitta en me recommandant sa lettre. « Lisez-la, ajouta-t-elle, elle ne contient rien de mal. » Je la lus plus tard, bien qu'elle eût quatre pages très touchantes, passablement passionnées. J'appris par le maître d'hôtel que le mari de cette dame « faisait dans les draps », un riche marchand de la rue Saint-Honoré, était un voisin de Rivero. J'expliquai l'incident à de Humboldt, qui fit une petite moue, mais quand je lui eus montré l'adresse écrite sur la lettre, il resta convaincu de mon innocence, et il ajouta avec malice : « D'ailleurs, cher ami, si la visite eût été pour vous, vous auriez fermé la porte. » C'était là, en effet, un argument.

Après le départ de l'infortunée, je trouvai un petit paroissien doré sur tranches, qu'elle avait oublié. Lorsqu'elle venait voir son Rivero, elle était censée sortir pour aller à l'église. Du reste, vu la proximité de Saint-Eustache, elle pouvait entendre la messe de son appartement.

Humboldt s'intéressait vivement à notre expédition. Nous devions, non seulement parcourir les contrées qu'il avait visitées il y avait vingt ans, mais surtout y résider, bien des observations faites par lui devaient être complétées, étendues.

En géologie, en géographie, les progrès accomplis depuis son mémorable voyage exigeaient une revision attentive des terrains qu'il avait étudiés en passant trop rapidement, des positions géographiques n'avaient pas été déterminées avec une précision suffisante. On peut affirmer que c'est à lui que nous dûmes d'exécuter des travaux qui n'ont pas été jugés défavorablement en Europe.

Humboldt voulait d'abord me connaître (me toiser). Il parlait beaucoup et bien, je l'écoutais comme un élève écoute un maître, aussi se plut-il à me reconnaître comme possédant « le grand art d'écouter ». Il me témoigna bientôt cette vive amitié qu'il m'a conservée jusqu'à sa mort. Il me fit présent de plusieurs instruments dont il s'était servi en Amérique : un sextant de poche, un horizon artificiel, une boussole à prisme, un planisphère céleste de Flamsteed, précieuses reliques, dont je tirai le plus grand parti et que je laissai à mon camarade, l'infortuné colonel Hall.

Humboldt fit plus, il voulut absolument m'enseigner l'usage de ces instruments, nous prîmes jour pour nous revoir à cet effet. Il demeurait

sur le quai Napoléon, au quatrième, dans un appartement ayant vue sur la Seine, à peu près
vis-à-vis la Monnaie.

Humboldt avait alors cinquante-cinq ans, taille
moyenne, bien prise, cheveux blancs, regard in-
définissable, physionomie mobile, spirituelle,
marquée de quelques grains de petite vérole, maladie qu'il avait contractée à Carthagène des Indes.
Son bras droit était paralysé des suites d'un rhu-
matisme gagné en couchant sur les feuilles mouil-
lées dans les forêts des bords de l'Orénoque.
Quand il voulait écrire, lorsqu'il voulait vous
offrir sa main droite, il relevait avec sa main
gauche l'avant-bras infirme à la hauteur nécessaire. Son costume était resté le même depuis
l'époque du Directoire : habit bleu, boutons jaunes, gilet jaune, culotte en étoffe rayée, bottes
à revers, les seules qui se trouvaient à Paris en
1822, cravate blanche, chapeau noir bossué,
éreinté.

Je m'attendais à trouver le chambellan du roi de
Prusse dans un splendide appartement, mon étonnement fut grand quand j'entrai chez le célèbre
voyageur : une petite chambre à coucher, un lit
sans rideaux, dans la pièce où il travaillait, quatre

chaises en paille, une grande table en sapin, sur
laquelle il écrivait ; elle était recouverte de calculs
numériques, de logarithmes. Lorsque la surface
de la table était remplie de chiffres, il faisait venir un menuisier pour la raboter. Presque pas de
livres, les *Tables* de Callet, la *Connaissance des
temps*.

Il dînait aux *Frères Provençaux*, dans la matinée, il passait toujours une heure ou deux au
café de Foy, où il s'endormait, après avoir déjeuné.

Nos exercices du sextant commencèrent aussitôt après mon arrivée, nous mesurâmes l'angle
compris entre la flèche des Invalides et le para-
tonnerre de l'église Saint-Sulpice, nous prenions
aussi une hauteur du soleil. Il n'omit rien, dans
mon instruction pratique, moyens de vérification,
de constater l'erreur de collimation ; tous les
calculs étaient faits en écrivant sur le bois de
la fameuse table. Je fus bientôt familiarisé avec
l'usage du sextant et de l'horizon artificiel.

Tel était Humboldt avant mon départ. J'en
parlerai encore, en temps opportun, tel je le
retrouvai à mon retour d'Amérique. Alors il était
occupé à finir son interminable ouvrage. Son
projet était de se fixer à Mexico, avec une société

de jeunes travailleurs dont je devais faire partie.

Ce projet ne s'est pas réalisé, à cause des révolutions; mais, sans révolutions, j'ai la conviction que son auteur n'aurait pas pu vivre toujours au Mexique. Il y serait mort d'ennui, malgré son amour pour la science.

Humboldt était lié d'une étroite amitié avec Gay-Lussac et Arago. J'ai vu ces trois hommes réunis, je me suis trouvé à la même table avec eux, leur union était touchante, malgré leurs opinions si différentes sur bien des points. Ils se tutoyaient comme au temps de leur jeunesse, et l'un de mes meilleurs souvenirs, l'une des jouissances de mon existence, est d'avoir été aimé, apprécié par ces esprits éminents.

Humboldt et Gay-Lussac avaient visité ensemble le Vésuve, en 1804, en compagnie de Bolivar. C'est au retour d'Arago venant d'exécuter, au péril de sa vie, la mesure d'un arc de la méridienne, en Espagne, que le triumvirat se compléta et l'intimité de ces hommes éminents dura tant qu'ils vécurent.

J'allai passer quelques jours à Londres, avec Rivero, pour nous entendre avec la légation colombienne au sujet du bâtiment qui devait nous transporter en Amérique. Il fut arrêté que l'expédition s'embarquerait en Belgique ou en Hollande, pour échapper à la surveillance de la police française, le gouvernement de Louis XVIII étant hostile aux États insurgés.

A mon retour à Paris, je hâtai l'achèvement des instruments que nous avions commandés. Fortin me livra deux baromètres, Bréguet deux beaux chronomètres que le colonel des ingénieurs, Lanz, avait demandés pour les opérations relatives à la carte de la République, que l'on allait commencer sous sa direction.

Les membres les plus illustres de l'Académie des sciences, de Laplace, Arago, Poisson, Biot, Humboldt, s'intéressaient à une question fort importante de la physique du globe que je fus chargé de résoudre. Il s'agissait de déterminer la hauteur exacte du baromètre, sous l'équateur, *au niveau de la mer*. Sans doute, on avait bien des fois observé, dans cette situation. Les académiciens, dans leur voyage au Pérou, en 1795; Humboldt, au commencement du siècle, les navigateurs, avaient porté des baromètres dans la zone équinoxiale; mais leurs instruments n'avaient pas été comparés préalablement avec ceux d'un observatoire dont on connût rigoureusement l'altitude au-dessus de l'Océan : c'était là une condition essentielle.

Pour savoir si, au niveau de la mer, à l'équateur, le mercure se tenait, dans le baromètre, à la même hauteur qu'au niveau de la mer dans nos latitudes élevées, il fallait que le voyageur, en allant observer sous la ligne équinoxiale, emportât un instrument parfaitement étalonné. Humboldt vint me prendre pour aller comparer mes deux baromètres Fortin à celui de l'Observatoire. Arago devait nous y attendre.

J'allais donc faire connaissance avec le célèbre astronome : Arago était alors dans toute la force de l'âge, prestance magnifique, figure avenante, malgré ses énormes sourcils noirs. Son beau-frère, Mathieu, se trouvait avec lui. Arago plaisanta d'abord avec Humboldt. J'ouvris, ou plutôt je montai les baromètres Fortin à côté du baromètre type, puis nous laissâmes les instruments se mettre en équilibre de température ; ce qui exigea un temps assez long : on procéda à la comparaison quand les thermomètres des trois instruments indiquèrent la même température.

Avant de procéder aux observations, Arago me dit de lire la hauteur du mercure dans le baromètre. Je ne sais plus pour quelle raison Fortin plaçait le zéro du vernier mobile au milieu d'une division en trente parties, mais sans tracer un zéro, de sorte qu'en exprimant la fraction de millimètres d'après deux tracés coïncidents, celui de la division de la monture de cuivre, et celui du vernier, l'on commettait une erreur. Arago crut que j'allais donner une fausse estimation de la fraction, mais j'avais été chargé, à l'École de Saint-Étienne, de faire les observations barométriques avec un baromètre de Fortin, je connaissais le truc du vernier, à l'étonnement du grand astronome.

Je me rappelle qu'Arago grava, avec un burin, aussi bien qu'aurait pu le faire un graveur, les n°ˢ I et II, sur le cuivre du support de nos instruments.

Le résultat de la comparaison fut que le baromètre n° I donnait une hauteur de mercure égale à celle indiquée par le type; celui n° II donnait une légère différence. Les thermomètres s'accordaient parfaitement avec ceux de l'Observatoire.

Malgré mon succès du vernier, M. Arago n'était

pas très rassuré sur la manière dont j'accompli-
rais ma mission ; j'ai su cela douze ans plus tard
par Humboldt, qui triompha lorsque, moins de
trois mois après mon départ, j'envoyai, de la
Guayra, une belle série d'observations barométriques qu'Arago se hâta de communiquer à l'A-
cadémie des sciences, en faisant le plus grand
éloge du jeune voyageur.

Arago, pendant que j'étais à l'Observatoire,
me présenta à sa femme, — « une descendante
de Boileau », dit de Humboldt. Et moi, malgré
ma timidité, je ne pus m'empêcher de faire remarquer que je descendais du marchand de vin
indiqué dans la satire du grand écrivain :

> ... Boussingault n'en a pas de pareilles,

dans le cabinet duquel Boileau se grisait quelquefois, en compagnie de Molière et de Racine.

— Je ne connaissais pas ce défaut à mon
trisaïeul, dit Mme Arago.

— Mais c'est de l'histoire, remarqua Humboldt.

Mme Arago était remarquablement belle. Ce
jour-là, elle avait le bras très enflé par la piqûre
d'un insecte.

Humboldt fut infatigable. Pour m'être utile, il rédigea une *instruction* dont j'ai tiré grand parti. Il voulait absolument que j'emportasse une petite collection de roches trachytiques de la Hongrie. Il alla chez Beudant, conservateur de la collection du comte de Bournon, détacha des échantillons, passa chez un layetier, fit faire, séance tenante, une boîte pour les caser et, à dix heures du matin, il me remit la collection.

Il me donna une lettre de recommandation pour le général Bolivar, dans laquelle il faisait de moi un personnage, exagération dictée par un bon sentiment. La lettre commençait ainsi : « En m'adressant au premier magistrat d'une république dont vous êtes le fondateur... » et puis arrivaient les éloges. Je fis une copie de cette lettre, que je laissai à ma sœur. Cette copie a été perdue, à mon grand regret. Quant à la lettre, je ne pus la remettre qu'assez tard au général Bolivar, par suite de circonstances de guerre. Il m'exprima son mécontentement sur ma négligence et me nomma immédiatement à une position importante : celle de directeur d'une école militaire. Je n'acceptai pas ces fonctions, non par modestie, mais parce que j'avais la conviction que je ne pourrais pas les remplir. Toutefois mon refus ne fut pas direct. Pour le formuler, j'attendis les événements. Il ne faut jamais dire *non* tout court aux puissants de la terre.

J'ai oublié de dire que, pendant que nous étions à l'Observatoire, Humboldt avait fait présent à l'expédition de deux baromètres portatifs, construits à Genève, ayant la forme, l'apparence de cannes à pommeaux. Arago soutenait que c'était une idée malheureuse que d'habiller en un bâton de voyage un instrument aussi délicat, aussi fragile qu'un baromètre, et, pour preuve, il raconta que le célèbre physicien anglais, Leslie, voyageant en France, coucha à Mâcon; le jour suivant il prit le bateau à vapeur allant à Lyon; on allait partir : il s'aperçut avec terreur qu'il avait oublié son baromètre-canne à l'hôtel. Ce fut bien pis lorsqu'il vit accourir sur le quai un garçon criant : « Monsieur! vous avez oublié votre canne, attrapez! » Leslie le suppliait par signes de ne pas la lui jeter... « Ne craignez rien! disait le garçon, je ne manque jamais mon coup, attrapez! » Il jeta la canne, qui tomba aux pieds du physicien. Le baromètre était brisé.

Le choix des personnes faisant partie de l'expédition étant fixé, les caisses des instruments furent dirigées sur Anvers, où l'on devait s'embarquer.

Rivero de retour d'Angleterre, nous donnâmes un dîner d'adieu, chez Véry, à plusieurs savants. Voici les noms que je n'ai pas oubliés : de Rivero, Roulin, Bourdon, Goudot, faisant partie de l'expédition. Invités : de Humboldt; Alexandre Brongniart, Adolphe Brongniart, Audouin, Bory Saint-Vincent.

Le dîner fut intéressant. On remarqua que Humboldt n'avait pas ses bottes à revers. Il était en bas de soie et portait un chapeau neuf.

Tout était projeté pour l'expédition ; les instruments de physique, le laboratoire, la bibliothèque devaient être embarqués à Bordeaux pour Carthagène. Je devais emporter avec moi les instruments nécessaires aux observations durant notre voyage de la côte où nous débarquerions jusqu'à Santa-Fé de Bogota, ville choisie pour y fonder un établissement scientifique.

Le 3 août 1822, j'embrassai mon père, ma

mère, mon jeune frère ; je leur dis — ce qui était vrai — que je me rendais en Belgique et — ce qui ne l'était pas — que je reviendrais les voir, avant de m'embarquer. Comme je faisais d'assez fréquents voyages, ma famille n'eut aucun soupçon. J'embrassai surtout avec effusion mon jeune frère Cadet (Nicolas), gai, riant, avec sa belle chevelure bouclée, ses grands yeux bleus, ses lèvres vermeilles, pauvre enfant que je devais retrouver malade, mourant. Triste jour que celui où je déposai un dernier baiser sur son front glacé par la mort !

Le soir, je pris la diligence de Lille. Le rendez-vous était Anvers. J'avais avec moi un moine défroqué, Scarpeta, être assez immoral, de l'Ordre des Franciscains de Quito, que l'on rapatriait en Amérique, où il avait été emmené prisonnier des Espagnols. Après avoir séjourné à Lille, à Gand, et éprouvé de grands désagréments à la douane de Menin, j'arrivai à Anvers, le 6 août, où je trouvai Rivero à l'hôtel de Brabant. Successivement arrivèrent les naturalistes : le docteur Roulin, sa femme et un enfant, Louis, qui est mort bien jeune et déjà un peintre distingué ; le docteur B***, ancien chirurgien militaire, entomologiste :

B*** était atteint de la manie du vol : en grapillant, spéculant, il a fini par amasser une grande fortune ; Goudot, botaniste et préparateur d'histoire naturelle, grand original, très habile, passionné pour les plantes ; il a fait de belles collections. C'était un poète, sur lequel les beautés de la nature produisaient une vive impression, qu'il était incapable d'exprimer par la parole, mais qu'il rendait avec charme, dans sa correspondance.

Le navire qui devait nous transporter n'avait pas encore paru. Je passai six à sept semaines à Anvers, peu occupé, suivant la marche des deux chronomètres de Bréguet. Le docteur Roulin prit les fièvres pendant cet intervalle.

I

Boussingault à ses parents.

Chalon-sur-Saône, le lundi 7 décembre 1818.

Mes chers parents,

Je prends l'occasion de notre arrivée à Chalon pour vous écrire la présente.

J'avais un besoin de m'entretenir avec vous pour soulager le chagrin que m'a causé ma séparation; j'espère que vos santés sont aussi bonnes que la mienne, qui est excellente. Je vais vous donner des détails de mon voyage.

Le jour où nous sommes partis de Paris, nous avons couché à huit lieues : c'est à Lieusaint. Nous avons dépensé, ce jour-là, deux francs.

Le lendemain nous sommes allés à Montereau où, bien fatigués d'avoir fait onze lieues par un mauvais temps, nous sommes arrivés le soir, et pensant nous coucher. Mais après avoir soupé, ayant trouvé l'occasion d'aller jusqu'à Sens, nous sommes partis, en patache, pour deux francs.

Nous arrivâmes à minuit à Sens, où nous trou-

vâmes, de suite, une occasion semblable pour Joigny
et, de Joigny, nous arrivâmes le matin, à Auxerre,
où nous déjeunâmes et partîmes de suite, en faisant
marché pour qu'on nous conduise pour sept francs
à Chalon, qui est à quarante-trois lieues d'Auxerre.

Après avoir couché deux jours, nous sommes
arrivés aujourd'hui à Chalon; nous ne nous em-
barquerons pas, mais irons à pied à Lyon, parce
que la diligence d'eau prend dix francs et couche à
Mâcon, ce qui occasionnerait une dépense de quinze
francs, quoique n'allant pas plus vite qu'un homme
à pied.

Notre voyage pourra être terminé le 10 du courant. Nous avons visité le château de la Roche-Pot
qui est tombé en ruine, et là j'ai eu occasion de
ramasser des roches assez intéressantes; j'en aurais bien ramassé d'autres si j'eusse été à pied;
mais cette manière n'aurait pas été la plus économique.

Dans la voiture qui nous a menés de Chalon, nous
avons rencontré un excellent homme, maire d'une
commune des environs de Saint-Étienne, qui nous
a promis de venir nous voir à l'École; il nous a
aussi assurés que nous serions très bien nourris pour
quatre francs par jour.

Les vivres ne sont pas trop chers sur la route et
l'on boit d'excellent vin à six sols le litre.

Je voudrais déjà que les vacances fussent arrivées
pour pouvoir vous embrasser, ainsi que ma sœur,

mon frère et toute ma famille. J'espère que Vaudet
ne maigrit pas.

Je vous embrasse de tout mon cœur.

Votre fils soumis,

BOUSSINGAULT.

Il me reste encore quatre-vingt-dix francs.

Adresse :
Monsieur Boussingault, rue de la Parcheminerie, n° 60,
à Paris.

II

Boussingault à ses parents.

Saint-Étienne, le 11 décembre 1818.

Je suis arrivé jeudi au soir à Saint-Étienne, bien
fatigué d'avoir traversé les montagnes qui forment
le chemin de Lyon à notre destination; enfin aujourd'hui nous nous sommes présentés à M. Beaunier, directeur de l'école, qui nous a très bien ac-
cueillis, après quoi nous avons assisté à la leçon
d'arithmétique et ensuite nous avons vu dessiner
des élèves, qui sont au nombre de dix-sept. Il y a
parmi eux des jeunes gens de très bon air; ils disent

qu'on est placé au bout de deux ans, si on est assez
instruit.

J'éprouve un certain ennui qui ne peut se calmer
et qui provient de la gêne où je sais que vous êtes et
qui pourra s'accroître par les dépenses qu'exigera
mon entretien. J'ai déjà questionné plusieurs jeunes gens, qui sont en pension, sur le prix de leur
entretien, et ils m'ont dit qu'ils payaient cinquante-
trois francs par mois, ce qui serait trop cher pour
vous. Toutes ces considérations me font éprouver
un mécontentement insupportable qui est augmenté
par celui de ne pas avoir reçu de vos nouvelles à mon
arrivée à Saint-Étienne. Benoist en a trouvé.

Je vous prie de réfléchir mûrement sur le parti
qu'il faut que je prenne. Si, comme je le pense,
mon entretien vous coûtait trop, je pourrais entrer
dans une maison de commerce de Paris; si cependant vous pouvez me payer ma pension, il faudrait
vous dépêcher de m'envoyer mes affaires, et surtout
mes livres et mon étui de mathématiques, dont
j'ai le plus grand besoin, et des crayons pour dessiner.

Mais je suis résigné maintenant à attendre vos
ordres. Je crains seulement que votre bon cœur ne
vous fasse sacrifier pour moi; il faut penser à mon
frère et à vous-mêmes; d'ailleurs, après ma sortie
de l'école, j'aurai peut-être une place de douze cents
francs. Je pourrai gagner autant en entrant dans un
commerce, ou en une fabrique.

J'attends une réponse positive au sujet de cette lettre ; elle me marquera si je dois rester à Saint-Étienne ; ma santé est très dérangée depuis Chalon et j'éprouve des insomnies qui m'accablent considérablement.

Je vous embrasse de tout mon cœur, ainsi que mon frère, ma sœur, mes tantes et toute ma famille.

J'attends réponse de suite.

Votre fils,

BOUSSINGAULT.

Voici mon adresse :
A l'École des mineurs de Saint-Étienne, à Saint-Étienne.

Il faut affranchir la lettre.

(Même adresse que la précédente.)

III

Boussingault père à son fils.

(RÉPONSE A LA PRÉCÉDENTE.)

Paris, le 16 décembre 1818.

J'ai reçu, mon cher fils, tes deux lettres ainsi que celle du 11 du courant, de Saint-Étienne, et je me hâte d'y répondre pour te tirer d'inquiétude. Si ton nouvel état te convient, tu peux compter exactement sur les sommes nécessaires à ton entretien, et ta malle et les objets partiront le 20 du présent.

Ta lettre, en m'afiligeant sur ta santé, me console en me faisant connaître que tu réfléchis sur ta position et sur la mienne. Cependant, malgré le chagrin que ton départ m'a causé, persuade-toi que tu trouveras en moi un tendre père, et que, si le danger et ta santé ne te permettaient pas de rester, tu peux revenir; mais je t'engage à méditer sur les avantages de la carrière que tu veux parcourir, et je ferai mes efforts pour la réussite.

Ta mère, ton frère et ta sœur t'embrassent, ainsi que moi qui suis ton tendre père.

Boussingault.

Écris-moi et ne me cache rien, s'il te plaît.

J'ai reçu ta lettre à 9 heures du soir; et je n'ai que le temps d'y répondre, vu qu'il n'y a que deux courriers par semaine.

Monsieur Boussingault, à l'École royale de mineurs de Saint-Étienne, à Saint-Étienne en Forez.

IV

Boussingault à ses parents.

Saint-Étienne, le 22 décembre 1818.

Chers parents,

J'ai reçu votre lettre hier, et je m'empresse d'y répondre pour vous faire savoir l'état de ma santé, qui s'est parfaitement rétablie, et pour m'informer de la vôtre que j'espère trouver de même.

Je vais vous donner des détails exacts sur la manière dont je m'arrange ici ; il faut auparavant vous remercier mille fois de l'énorme sacrifice que vous faites pour moi et de la tendresse que vous me témoignez, en me permettant de revenir près de vous si je ne me plaisais à l'école.

Nous nous occupons à l'étude, de mathématique, du dessin des machines et de chimie. Comme j'ai étudié avec zèle cette dernière science, je suis d'une très grande utilité au laboratoire, et aujourd'hui j'ai préparé les choses nécessaires à la leçon. Je jouis ainsi d'une certaine considération. M. De Gallois, ingénieur en chef, attaché à l'école, et qui recherche des minerais de fer dans le département, va monter un laboratoire où l'on compte beaucoup sur moi.

Vous me pardonnerez sans doute cette petite digression sur moi-même : c'est seulement pour prouver à papa que je n'ai pas perdu mon temps à Paris.

Quant à ma manière de vivre, elle est la plus économique possible ; mais elle n'en est pas moins chère : notre local nous coûte dix-neuf francs par mois, ce qui me fait neuf francs cinquante pour moi seul. Pour notre nourriture, nous achetons un pain de plusieurs livres (qui vaut quatre sols la livre) ; ensuite nous déjeunons à midi, avec des pommes ou du fromage ; à cinq heures nous mettons notre dîner sur le feu : tantôt nous faisons une fricassée de boudin, ou de pommes de terre, etc., et, comme nous avons deux assiettes et deux fourchettes, nous ne sommes pas embarrassés. Le poêlon dans lequel nous faisons notre cuisine est très commode, il peut servir à tout : nous y faisons depuis des œufs sur le plat jusqu'à des pot-au-feu, ainsi que de la salade. Cependant nous connaissons maintenant un jeune homme de l'école demeurant à Saint-Étienne, et sa mère a la bonté de nous faire cuire tout ce que nous voulons à leur four : aujourd'hui, par exemple, nous sommes propriétaires d'un énorme et excellent gigot, qui nous a coûté un franc soixante et, demain, nous aurons pour trois sous de pommes de terre, fricassées avec la graisse. Quant à la boisson, il y a une fontaine à notre porte et je puis assurer que je n'ai jamais bu tant d'eau que dans la ville où l'on me promettait de boire du vin en quantité ; le dimanche, cependant, nous buvons un litre de vin, qui coûte huit sols. Nous voulions d'abord boire un demi-litre à nous deux par jour; mais nous nous sommes aperçus qu'au bout du mois cela nous aurait fait trois francs. Avec toute l'économie possible, nous ne pouvons vivre à moins de seize à dix-huit sols par jour; vient ensuite notre blanchissage, notre chaussure, notre papier, plumes, etc., etc.

M. Beaunier nous a remis aujourd'hui notre commission, et il nous a encore affirmé que les jeunes gens qui sont à l'école seraient très sûrs de trouver de bonnes directions, mais qu'il serait très embarrassé pour ceux qui viendront dans trois ou quatre ans.

Je vous prie, mes chers parents, de vouloir bien me faire une retenue de deux ou trois francs sur mes mois, et de m'acheter la deuxième édition du Traité de chimie de Thénard, dont j'ai le plus grand besoin.

Je vous prie d'embrasser pour moi mon frère, ma sœur Vaudet, mes tantes Colombe et Duhamel, et tous mes cousins, cousines, etc.

Vous direz bien des choses à Loubry, si vous le voyez.

Je finis en vous embrassant de tout mon cœur, et suis, avec respect, votre fils.

BOUSSINGAULT.

V

Boussingault à son père.

Saint-Étienne, 21 avril 1819.

Mon cher papa et ma chère maman,

Je profite de deux heures de loisir pour répondre à votre lettre du 5 du présent. J'eusse sans doute trouvé le moment d'y répondre plus tôt, mais j'étais à Saint-Bel lors de son arrivée.

J'ai appris avec peine la mort prématurée du jeune cousin. Il est vrai que, depuis quelques mois, sa santé était très dérangée.

La reçue des nouvelles de mon oncle m'a fait éprouver, comme vous n'en doutez pas, un sentiment tout différent. Il est vrai que je ne le désirerais pas si loin; mais espérons qu'il reviendra avec la même santé qu'il avait avant ce grand voyage et qu'il a su habilement conserver.

Comme je vous en avais prévenus, mes chers parents, j'ai fait le voyage de Saint-Bel et Chessy, accompagné de l'élève Leferme. Nous sommes partis au commencement du mois, le sac sur le dos et le marteau à la main, munis de lettres de recommandation de notre ingénieur en chef, De Gallois. Nous

couchâmes au château du Soleillant, belle propriété
du père d'un de nos camarades. Le lendemain, nous
marchâmes toute la journée à travers les montagnes
du magnifique Lyonnais pour nous rendre à notre
destination. Quelle route la mieux entretenue offri-
rait autant d'agrément au voyageur que cette chaîne
de montagnes qui n'ont qu'une pente douce et par
conséquent facile à gravir? Dans ces longues avenues
tracées péniblement par les hommes, le piéton ne
trouve que de la monotonie; mais dans celles tracées par la nature, où jamais le compas du froid
géomètre n'a ordonné, où le parallèle trop régulier
de l'architecture a été banni; là, dis-je, il y trouve
ce charmant désordre qui surpasse l'arrangement;
ici, c'est une colline dominée par une chapelle où
les bons montagnards vont former des vœux pour
le bonheur de leurs enfants; plus loin, c'est un hameau où les plus grands personnages sont le maire
et le curé; où il n'y a pas de tribunaux, mais où
l'on trouve de sages arbitres, où il n'y a même pas
de médecin (quoiqu'il y en ait partout), et cependant
où la santé des habitants est dénotée par cette fraîcheur et cette gaieté naturelle.

A ce tableau en succède un autre; c'est un ruisseau, un bois de sapins, un coteau cultivé par le laborieux vigneron, etc.

Ces changements subits le délassent de sa fatigue,
préoccupent son imagination et le délivrent de l'ennui du voyage.

C'est ce que j'ai éprouvé dans cette traversée. Cependant nous quittâmes ces points de vue charmants pour nous engager dans une montagne stérile où des minéralogistes seuls pouvaient ne pas regretter les lieux qu'ils venaient de quitter.

Un silence perpétuel régnait dans ces nouveaux lieux; notre seule distraction était l'examen des roches; depuis trois heures nous marchions en silence, quand nous aperçûmes le clocher de Saint-Bel.

Lorsqu'on arrive à la mine par la route de Besnay, on se trouve tout à coup, en sortant de ces lieux arides, sur le bord d'une charmante rivière, ornée de chaque côté de magnifiques peupliers, et le changement soudain qui s'offre à la vue est un vrai coup de théâtre. L'esprit, encore plein et attristé de l'impression qu'ont faite sur lui les terrains stériles qu'on vient de traverser, éprouve un sentiment délicieux à l'aspect des scènes de vie et de mouvement qu'on a maintenant sous les yeux.

La vue du beau château qu'habitent les directeurs, celle des ateliers et des maisons répandues autour, les épaisses colonnes de fumée qui s'échappent des cheminées de la fonderie et s'élèvent dans les airs, le bruit des machines, celui des forges, l'agitation des ouvriers forment une singulière opposition avec le silence et l'air triste du pays que l'on quitte.

Une fois arrivés, nous nous présentons chez le directeur, qui, après s'être assuré que nous étions réellement élèves, nous donna l'entrée des souterrains et de la fonderie. Depuis, nous étions tout le jour ou dans les entrailles de la terre ou dans les vapeurs sulfureuses des ateliers métallurgiques. Aussi l'exploitation du minerai de cuivre, son traitement, l'affinage du cuivre métallique, furent tour à tour l'objet de notre attention. Il faut vous dire que nous étions chargés de faire un rapport sur ces intéressantes mines. Tous les articles demandés par nos professeurs, quoique très honorables pour nous, étaient extrêmement difficiles. Je ne vous citerai que les plus importants :

Débouchés pour la vente du cuivre.

Causes politiques favorables ou défavorables à cette vente.

Influence de l'établissement sur l'agriculture, le commerce.

Influence sur les mœurs des habitants.

Cette dernière question a été celle qui nous a donné le plus de peine. Le curé de Saint-Bel nous a aidés de tout son pouvoir, et autant que le lui permettaient les convenances, sur la moralité des individus des deux sexes.

Mon ami est resté encore douze jours sur les lieux pour essayer les mœurs. Quant à moi, j'ai été rappelé à Saint-Étienne, par l'ingénieur Gueynivaud, professeur de chimie, pour préparer les leçons; je n'en suis pas fâché par rapport à la dépense nécessitée à Saint-Bel.

Quant à ma séparation avec Benoist, je vais en dire quelque chose. On distingue à notre école aisément deux classes d'élèves, parce que l'éducation n'est pas la même chez tous; chacun, comme vous le pensez, fréquente ceux qui lui conviennent le mieux. Quant à moi, je me suis attaché principalement aux élèves distingués dont je vous ai déjà parlé; Benoist en a fréquenté d'autres et a conservé quelques habitudes de Paris qui ne conviennent pas ici, il amenait sa bruyante société chez lui, qui était chez moi, et cela me gênait, je me fâchais souvent contre lui et nous finîmes par nous mettre chacun seul; je m'en trouve très bien.

Je vous embrasse, ainsi que toute la famille. Mes compliments à Loubry et Énault et à toutes mes connaissances.

Boussingault.

VI

Boussingault à son père.

Saint-Étienne, le 8 mai 1819.

Mon cher papa,

J'ai reçu ta lettre le 6 du présent, elle renfermait le mandat que je m'empresse d'accuser; si j'ai ou-

blié de remplir cette formalité pour les objets reçus
antérieurement, c'est par une inadvertance sans
doute très coupable. Si j'ai aussi oublié de parler de
moi dans ma dernière, c'est par le peu d'espace du
papier : j'ai mieux aimé le remplir de la narration
d'un voyage dont j'ai tout lieu de m'honorer, puisque notre rapport sur Saint-Bel et Chessy vient
d'être couronné à ce dernier examen. Mais combien
ne dois-je pas me trouver heureux de ton léger reproche sur cette négligence sur moi-même ; il me
prouve que ta tendresse préfère les nouvelles de
Lolo proprement dit à celles d'un aspirant directeur
de mines.

Tu me mandes de m'entretenir avec toi sur mon
travail, ma nourriture, etc. Pour ma nourriture, je
suis toujours avec les mêmes élèves. Nous dînons
seulement ensemble. Cela nous coûte trente-trois
francs par mois. Je déjeune dans ma chambre et
mange une livre de pain pour mon déjeuner et mon
souper, ce qui monte à six francs par mois. C'est
donc trente-neuf francs pour ma nourriture ; c'est
trop sans doute, mais je ne puis trouver mieux, à
moins de ne pas déjeuner ni souper, ce qui, comme
vous le pensez, n'est pas extrêmement agréable. Ensuite vient mon loyer : il me coûte dix francs par
mois : c'est donc quarante-neuf francs au total.
Maintenant, il faut me blanchir et m'entretenir de
plumes, papier, etc. J'ai envie de me faire faire des
demi-bottes parce que j'ai besoin de chaussures,

et d'ailleurs je ne salirais pas de bas, ce qui me fera une petite économie. Vous voyez donc que je serai forcé de ne pas déjeuner ni souper, si je veux faire honneur à mes affaires. Quant à mon *decorum*, il est encore passable, même suffisant, parce que je ne fréquente plus la société; c'est là mon moindre souci. Il est vrai qu'on passait des soirées agréables chez le sous-préfet, chez le fabricant qui m'est redevable de la prospérité de sa fabrique, à Andrézieux, sur les bords de la Loire. Toutes ces sociétés étaient charmantes, quoique provinciales. Mais, hélas! la saison a changé, et l'énorme redingote ne s'est pas transformée en habit.

Quant à mon travail, il n'influe aucunement sur ma santé, au contraire, mes dimanches se passent maintenant au laboratoire.

Le 1ᵉʳ semestre de l'école est terminé et nous sommes dans le 2ᵉ; il a pour objet l'exploitation des mines; la docimasie ou l'essai des minerais, et le dessin. Notre premier examen mensuel du 2ᵉ semestre vient d'avoir lieu : je suis troisième en dessin, premier en exploitation, premier en docimasie, enfin premier sur la liste de mérite général.

J'espère que l'indisposition de maman n'a pas eu de suite, et qu'elle continue toujours à se bien porter. Je brûle que les vacances soient arrivées pour vous revoir tous; elles approchent, dans trois mois j'y serai et j'y passerai deux bons mois, après quoi je reviendrai à Saint-Étienne pour finir mes études.

Déjà une partie des élèves de la première division
ont reçu des directions, sous-directions ou inspec-
tions.

Je remercie Vaudet de son souvenir et applaudis à
sa réussite. Ma sœur est sans doute en bonne santé,
ainsi que mon frère, mes tantes et toute la famille
que j'embrasse.

Je finis en t'embrassant ainsi que maman.

BOUSSINGAULT.

P.-S. — Je ne me crois plus maître de changer
maintenant ma signature, parce qu'elle est déposée
à la direction des mines et, étant certainement sûr
d'avoir des relations avec cette administration, je
pourrais faire naître des difficultés.

Je te prie de m'informer de ce qu'on pense des
missionnaires à Paris; ils sont ici la risée des gens
sensés; j'ai été les voir prêcher à Saint-Chamond.
J'entretiendrai d'ailleurs Vaudet sur ces vendeurs
de prières.

VII

Boussingault à son père.

Saint-Étienne, 7 auguste 1819.

Mon cher papa,

L'année scolaire vient de se terminer. Je pars aujourd'hui de Saint-Étienne; j'avais cru partir plus tôt, mais le concours général a été plus long qu'on le pensait d'abord.

Hier dimanche, la distribution des prix a eu lieu. Le comte de Nonneville, préfet du département, devait y assister, mais une indisposition subite nous priva de sa présence. M. le sous-préfet de la ville le remplaça. La réunion était brillante, tous les ingénieurs des mines étaient en uniforme, ainsi que les officiers d'artillerie dirigeant la manufacture d'armes. Le reste de la société était composé de riches négociants, les dames surtout étaient à remarquer par la magnificence de leur toilette.

Après le discours du sous-préfet, notre professeur d'exploitation en a prononcé un sur l'utilité de l'art des mines et sur la conduite que doivent tenir les élèves officiers sur les établissements.

Ce discours, remarquable par son élégance et sa

justesse, a été aussi vivement senti qu'applaudi.

J'ai eu le bonheur d'obtenir le 1er prix de ma division; il consiste en un joli niveau d'eau à canne et une branche de chêne.

La liste du concours est ainsi qu'il suit :

Deuxième année.

1er prix. Remmel,   élève de la Loire.
2e — Solberge,   —   Lozère,
3e — Fourneyron,   —   Loire.

Première année.

1er prix. Boussingault, élève de la Seine.
2e — Dyèvre,   —   du Finistère.
3e — Bourly,   —   de la Loire.

Après la distribution, nous fûmes tous six dîner chez M. Beaunier; il n'est pas besoin de dire que le repas était admirable. On porta un toast à la prospérité de l'école et de tous les élèves.

On est allé ensuite se promener chez M. Remmel père, directeur d'une mine des environs; l'on joua aux boules, au diable boiteux, à cache-cache, etc., jusqu'à la nuit. Alors on fit cercle pendant quelque temps et on se retira.

Nous éprouvons ici une grande chaleur et beaucoup de sécheresse; la route que nous allons faire

sera pénible. C'est égal, dans huit jours nous serons
à Paris.

Je t'embrasse de tout mon cœur, ainsi que maman, mes frères, ma sœur, tante, cousins, cousines, etc.

BOUSSINGAULT.

VIII

Boussingault à son père.

Saint-Étienne, 27 octobre 1819.

Mon cher papa,

Je suis arrivé très bien portant à ma destination.
Mon voyage a été des plus heureux. Je vais t'en donner quelques détails. Nous sommes, comme tu le
sais, partis le 15, nous allâmes coucher à Melun, le
16 nous prîmes les voitures à Montereau, elles nous
conduisirent à Joigny ; le 17, nous sommes allés déjeuner à pied à Auxerre ; là une voiture nous mena
à Vermanton ; le 19, nous fûmes coucher à la Roche-
en-Brenil ; le 20, nous marchâmes jusqu'à Autun ;
nous partîmes le matin pour nous rendre au Creuzot
afin de voir notre camarade. Nous le trouvâmes
vivant par une espèce de miracle ; car d'après l'acci-

dent qui venait de lui arriver, nous devions certainement le trouver mort et enterré à notre retour aux
mines, on parlait partout de ces événements : voici
les détails. On descend au Creuzot par des échelles
placées verticalement dans de petits puits carrés ; tous
les quarante à cinquante pieds on trouve un plancher pour reprendre une nouvelle échelle : ainsi
descendait notre camarade Fourneyron, M. Chagot,
fils du propriétaire et directeur et enfin un mineur ;
M. Chagot et le mineur étaient à la dernière échelle
qui a environ quatre-vingts pieds ; quand Fourneyron, qui croyait être à la fin de son échelle, saute,
manque le plancher, tombe sur Chagot, Chagot
tombe à son tour sur le mineur et les voilà tous trois
descendant une échelle de quatre-vingts pieds en
trois secondes. Le mineur tombe au fond du puits
sans connaissance ; Fourneyron, à quatre pieds du
fond est arrêté par sa jambe, qui se fourre dans un
boisage ; et lorsque sans doute Fourneyron allait
continuer son chemin sans sa jambe, M. Chagot vint
à passer et se trouva fortement serré contre Fourneyron, de sorte qu'ils s'arrêtent mutuellement. Chagot se rattrape à l'échelle, Fourneyron se cram-
ponne après son boisage, et le mineur, toujours
étourdi, passe pour mort. Chagot rassemble ses
forces et remonte l'échelle qu'il avait descendue si
rapidement, et appelle des mineurs à leur secours ; on vient, on les monte dans des bennes par le
grand puits d'extraction, les plus prompts secours

leur sont donnés, et le lendemain ils marchaient tous trois et étaient prêts à redescendre. Quand nous arrivâmes, nous eûmes le plaisir de les accompagner dans ces malheureuses échelles encore ensanglantées.

Nous fûmes très bien reçus au Creuzot, M. Chagot père nous invita à déjeuner chez lui ; tout est servi en cristal ; il est propriétaire de la fabrique de Montcenis.

Le 22 nous partîmes à midi du Creuzot, nous marchâmes sur Chalon et en étions près quand un ouragan effroyable nous surprit, nous transit et nous mouilla jusqu'aux os. Nous fûmes forcés de coucher au Bourgneuf.

Le 23, nous allâmes nous embarquer sur la Saône, à Tournus, nous débarquâmes à Lyon le 24, nous arrivâmes le 25, de bonne heure, à Saint-Étienne.

M. Beaunier m'a écrit pendant mon absence, je te prierai de me faire passer sa lettre, ainsi qu'une géométrie de Legendre que Vaudet trouvera occasion de m'acheter, aux marchés des Jacobins, chez un bouquiniste. Je l'attends au plus tôt. Adieu, je t'embrasse, ainsi que maman, mes frères, ma sœur, mes tantes, cousins, cousines, etc.

BOUSSINGAULT.

IX

Boussingault à son père.

Saint-Étienne, le 24 décembre 1819.

Mon cher papa,

Tu m'excuseras, si j'ai tant tardé à répondre à ta dernière lettre, j'ai voulu auparavant recevoir des nouvelles de Vaudet; la lettre qu'il a reçue aura sans doute fait rassurer sur ma santé qui toujours est excellente, à des ampoules près que j'ai aux mains. Elles proviennent de l'exercice de l'état de mineur ouvrier. Oui, mon cher papa, maintenant tu peux me dire hardiment qu'il n'est tel qu'un état au bout des doigts; je t'écouterai, je t'approuverai et te montrerai mes honorables cicatrices, mon front couvert de boue et de charbon. Hélas! si ces Parisiens nous voyaient, sortant des mines avec le pic et la lampe à la main, s'ils nous voyaient, dis-je, plus sales que les plus noirs des ramoneurs, s'ils pénétraient dans les travaux souterrains à des profondeurs considérables, qu'ils nous vissent couchés tantôt sur le ventre, sur le dos, dans l'eau, quelquefois même dans la boue, toujours piochant ou trouant des coups de mines, ils frémiraient sans doute. Hé bien! nous,

nous rions, causons des nouvelles du jour, des *piqueurs* et des piquées, par exemple.

Quels que soient donc, maintenant, mon cher
papa, les accidents qui puissent m'arriver, pourvu
qu'il me reste de la santé, je me fais fort d'en rire,
jamais je ne serai malheureux ; j'ai un état. Si, placé, je perdais ma direction ; si, intéressé, j'éprouvais
des malheurs de commerce, qu'il ne me reste que ma
force pour fortune, tant pis m'est cela : suffit, je me
ferai mineur.

Maintenant que je t'ai prouvé que j'étais à l'abri
de l'intrigue et de la calomnie, si j'occupe des places ;
de la misère, si jamais je me ruine, parlons d'autre
chose, de mon frère, par exemple. Que fait Cadet,
maintenant ; que veut-il faire par la suite ? Je lui
conseille d'apprendre le premier volume d'arithmétique de Bezout. Quand il le saura, dans deux mois,
il ira au lycée Charlemagne, comme externe, ap-
prendra les mathématiques pendant deux ans, ainsi
que le dessin. A la fin de sa première année, il sui-
vra un cours de chimie et lira des ouvrages. A la fin
de sa deuxième année, il entrera élève à l'École de
haute industrie que le roi vient de créer ; s'il travaille bien, il pourra obtenir une bourse de mille
francs par an. Une fois son temps fini, je le fais venir
aux mines et m'en charge ; il m'aidera dans la place
que j'espère occuper. Surtout qu'il apprenne bien
l'arithmétique et que, dans un mois, il m'écrive où
il en est.

Si M. Guillemin le jeune est toujours décidé aux arts chimiques, il est extrêmement probable qu'il entrera dans cette École de haute industrie, puisqu'on y étudie la chimie, la mécanique et l'économie politique. Si ce que je présume était vrai, je le prierais de vouloir bien envoyer à l'École des mineurs les cours que l'on fera; l'administration paiera, comme de juste, les frais de copie que cela pourra exiger.

Je finis, mon cher père, en te priant d'embrasser maman pour moi; j'espère qu'elle se porte toujours de mieux en mieux, et que ma sœur engraisse à l'infini. Mes tantes se portent sans doute comme quand j'ai quitté Paris; il en est de même de mes cousines, et tu présenteras mes respects au cousin Boussingault et à la cousine Lallemand.

Nos uniformes sont enrichis d'une broderie de dix francs; il me faudrait bien un nouveau pantalon bleu et un gilet bleu; j'ai envie de l'acheter à Saint-Étienne, j'attends ton consentement.

Je t'embrasse et suis pour la vie ton soumis

BOUSSINGAULT.

Benoist, qui entre en ce moment et que je ne reconnaissais pas, tant il est noir et plein d'huile, dit bien des choses à ses parents auxquels je présente mes sincères amitiés. Il travaille beaucoup et ces messieurs m'en ont témoigné leur contentement.

P. S. — J'écrirai à Vaudet aussitôt que j'aurai vu le directeur Baude.

Je voudrais savoir l'adresse de Loubry.

X

Boussingault à son père.

Saint-Étienne, le 26 février 1820.

Mon cher papa,

Tu me pardonneras ma négligence involontaire pour le témoignage des souhaits que je fais pour vous. Hélas! j'ai laissé passer janvier, mais je crois pouvoir réparer mes torts en février.

L'affaire des charbons est la cause du retard de la présente. J'attendais M. le directeur Baude, qui est en tournée dans les départements voisins; cependant, comme il n'est pas encore arrivé et qu'il ne faut pas pour cela que je ne m'entretienne avec toi, je remets à une lettre prochaine le résultat de ma négociation. En vérité, Vaudet croit que l'on parle au négociant mineur comme au marchand sédentaire de Paris; qu'il sache que Baude est maintenant à visiter les bords de l'Allier et de la Loire pour chercher des moyens de transport et voir les établissements qui peuvent entrer en concurrence avec ses mines. Mais Vaudet peut compter qu'aussitôt l'arrivée de M. Baude, je m'entretiendrai de son affaire.

Nous avons éprouvé à Saint-Étienne un froid violent, le thermomètre centigrade marqua jusqu'à — 18°,5 ; le vin gelait dans les caves ; heureusement le charbon ne coûte pas cher, et le malheureux même a pu se chauffer ; maintenant nous nous apercevons que nous sommes dans le Midi par les beaux jours d'été que nous avons.

Ma plus grande occupation est le laboratoire. Je vous ai déjà dit que je m'occupais en commun avec deux ingénieurs des mines, professeurs, d'expériences de chimie manufacturière, nous avons terminé le travail sur la pomme de terre. Nous avons poussé très loin nos recherches sur ce sujet, tous nos essais ont été faits sur un quintal au moins, de sorte que les résultats sont appréciables. Nous fabriquons, avec la pomme de terre, un sirop extrêmement supérieur au sirop de raisin, mais d'une qualité inférieure au sirop de sucre ; nous le faisons en moins de temps et à moins de frais qu'on ne l'a fait jusqu'ici ; il pourra être livré au commerce à quarante ou quarante-cinq francs le quintal. Nous espérons faire de l'eau-de-vie avec de la graine de lin, ou avec du bois et des chiffons.

Au premier moment je t'expédierai un échantillon de nos produits. Nous attendons des nouvelles de

Lyon ; si les hôpitaux en adoptent l'usage, ainsi que les distillateurs, ces messieurs sont d'avis de monter une fabrique qui, par la suite, pourrait offrir des bénéfices certains, mais pour cela il faudrait que je la dirigeasse, cette petite usine se rattacherait d'ailleurs à une usine métallurgique que l'on propose d'établir pour l'affinage de la fonte et la fabrication des limes, façon d'Allemagne. J'en accepterai la direction, mais c'est à condition que je pourrai prendre au moins une action. Quant aux limes, si ce projet s'effectue, j'avertirai Vaudet, cela pourrait faire son affaire. Quant à mon action, tu me diras si je puis promettre d'en prendre une.

Comme il est hors de doute que je resterai à Saint-Étienne, ne pourrait-on pas m'envoyer de Paris un matelas de deux pieds six pouces de large, une couverture, trois draps ; parce que je ferai faire un lit à la Rumford dans un petit appartement que je louerai. Cela me coûterait bien moins cher ; d'ailleurs, si, par la suite, je suis logé, je n'aurai pas besoin de louer des meubles. Si c'est dans les choses possibles, je te prierai de m'expédier de suite ces objets.

J'attends toujours des nouvelles de Cadet pour savoir où il en est dans l'arithmétique de Bezout. J'avais déjà vu l'an passé un *Boussaingault* chef d'escadron dans les chasseurs de l'Oise, en garnison à Caen ; je ne t'en ai pas parlé, parce que, quel que soit ce Boussaingault (qui m'a d'ailleurs tout l'air d'un ultra, d'après les renseignements que je viens de puiser), il peut bien rester où il est et garder un incognito éternel.

Je t'embrasse, mon cher papa, ainsi que maman, ma sœur, Vaudet, Cadet et toute la famille.

Mes compliments à toutes mes connaissances.

Ton fils soumis,

BOUSSINGAULT.

XI

Boussingault à son père.

Saint-Étienne, le 24 avril 1820.

Mon cher papa,

J'ai reçu, il y a déjà plusieurs jours, la lettre de Vaudet; je devrais peut-être répondre à lui; mais, puisque tu étais consentant aux propositions qu'il m'a faites, je crois pouvoir répondre à sa lettre en m'entretenant avec toi.

Je crois pouvoir accepter la parrainerie, si cela peut faire plaisir, je pourrai même me trouver au mois de juillet à Paris, car maintenant, d'après une décision du conseil d'administration, je ne compte plus parmi les élèves. La discipline n'est plus faite pour moi, je suis seulement sous les ordres de

M. l'ingénieur en chef De Rozière, professeur de métallurgie. Cette décision du conseil est maintenant sous les yeux de M. Becquey.

La raison de cette décision est que les devoirs que j'avais à remplir au laboratoire étaient incompatibles avec mes devoirs d'élève, et qu'il était impossible que je pusse concourir avec ceux qui recevaient mes soins. En conséquence, le conseil a arrêté qu'à partir du 20 avril je serais considéré comme élève breveté, que je serais spécialement attaché au laboratoire pour préparer les cours et diriger les élèves dans les manipulations. Cela m'a fait beaucoup de plaisir, comme tu dois le penser; car, comme mon étude de mineur est terminée, c'est-à-dire que je sais les mathématiques nécessaires, que je me suis mis en état de lever les plans sur le terrain et dans les mines, que les connaissances que j'ai en minéralogie sont bien au delà de celles exigées, je dois me trouver fort heureux de pouvoir m'appliquer pendant trois mois spécialement à la chimie; c'est une position que bien des jeunes gens envieraient; ensuite je suis utile en même temps à un établissement auquel j'ai certainement des obligations.

Maintenant, voici la fin de l'année qui s'approche, je dois être placé quelque part, et cependant je ne sais pas positivement où. Si j'en crois mon pressentiment, d'après ce que m'a dit M. Beaunier, je serai à Grenoble, dans une usine où l'on fait des aluns, des

couperoses et du vitriol, je serais là sous un ingénieur des mines qui en est le directeur. M. Beaunier,
tout en me parlant de cette affaire, finit toujours par
me témoigner l'envie qu'il aurait de me voir rester
à Saint-Étienne. Vient ensuite M. De Rozière, qui
veut me mettre dans les limes jusqu'au col, mais
comme ce serait une chose qui demanderait bien du
temps avant d'être montée, et qu'il faut que je te dé-
barrasse de mon lourd fardeau, je refuse la proposition.

Ensuite vient un autre professeur, M. Thibaud,
jeune ingénieur des mines, qui a été mon camarade
de laboratoire tout l'hiver dernier, et qui vient d'en
être évincé par la toute-puissance de son ingénieur
en chef M. De Rozière, avec lequel il est très mal, à
cause de petites affaires de laboratoire. C'est moi qui
remplirai ses fonctions jusqu'à mon départ, et c'est
à cause de cela que je ne suis plus élève. M. Thibaud,
qui est de Grenoble, m'engage beaucoup à y aller
pour que nous ne nous perdions pas de vue et que
nous puissions un jour exécuter tous les projets que
nous avons sur les expériences que nous fîmes l'hiver dernier, je crois bien que je suivrai son avis ;
aussi, au 15 juillet, j'irai t'embrasser et, après les
vacances, j'irai au pied des Alpes.

Tu dois penser comme je travaille à la chimie ; tous
les jours à quatre heures je suis levé, je vais dans la
montagne prendre du lait avec un de mes meilleurs
amis, Besqueut du Cluzel ; à six ou sept heures, je

vais au laboratoire où je demeure jusqu'à midi. Je
dîne ; nous nous réunissons plusieurs et nous chan-
tons comme nous pouvons quelques morceaux de
musique ; je vais passer une heure à la mine de
M. Tivet, ensuite je reviens au laboratoire jusqu'au
soir.

Je remets à ton adresse une lettre pour M. Guillemin, ayant perdu mon portefeuille avec sa lettre,
ma commission et tous mes papiers. Et quoiqu'il
y ait dedans des choses libérales qui auraient pu me
rendre victime de l'arbitraire, je suis tranquille,
car voici comme je l'ai perdu.

En descendant dans le puits de M. Tivet, étant
accompagné du jeune Besqueut, nous fûmes vio-
lemment secoués au milieu par la vitesse avec laquelle la machine qui nous descendait tournait : je
craignis pour mon camarade et, le saisissant, je
lâchai mon portefeuille que je tenais avec le plan
de la mine et autres papiers. Mon chapeau heureusement surnagea sur le puisard, de sorte que je ne
le perdis pas.

Du 2 mai. — Je viens de recevoir ta lettre à l'instant. Je suis charmé d'apprendre que Cadet com-
munie incessamment. Cela pourra lui donner envie
de s'instruire. Il n'a pas encore fait la multiplication
que je lui ai posée il y a plusieurs mois, il changera sans doute à son avantage, après sa communion.

Ma sœur, j'espère, continue à se bien porter. Tu

embrasseras maman pour moi, ainsi que toute la famille. Je t'embrasse de cœur et suis pour la vie ton soumis fils.

BOUSSINGAULT.

XII

Boussingault à son père.

Saint-Étienne, le 18 mai 1820.

Mon cher papa,

J'aurais bien désiré attendre ta réponse à ma dernière avant que de t'écrire, mais le plaisir de m'entretenir avec toi et les petits événements qui se sont passés ici m'engagent à prendre la plume. Depuis ma dernière lettre, j'ai vu mon cousin Fouché-Séguimard, j'ai mis le feu à l'École et j'ai fondu un métal (le platine) que l'on croyait infusible.

Mon cousin vint me voir justement le jour où mon fourneau était allumé, il passa quelques instants avec moi au laboratoire avec un armurier du pays et M. Beaunier, qui était venu me voir opérer. La chaleur du fourneau était extraordinaire, et, selon M. Beaunier, était supérieure à celle qu'il obtient dans sa fabrique d'acier fondu. Après trois heures de feu, je laissai éteindre le fourneau et, après avoir fermé tous les registres de la cheminée, je me retirai. Le lendemain, impatient de savoir le résultat de mes expériences, je fus à cinq heures au laboratoire. Je rencontre un professeur qui me dit avoir senti toute la nuit une odeur de fumée. Nous entrons dans la salle des leçons et, à peine avions-nous ouvert la porte, qu'une flamme se fit apercevoir au milieu de la fumée dont l'appartement était rempli. J'appelle aussitôt le concierge, je rassemble les élèves mineurs et, en deux heures, nous nous rendîmes maîtres du feu, et la société d'assurances paya le dégât.

La cause de cet incendie provient de ce que la cheminée n'avait pas été faite pour un fourneau de fusion, et une solive qui supportait le plancher du premier étage, étant trop près de cette frêle cheminée, prit feu la nuit; heureusement que la porte de la salle d'études était fermée, et plus heureusement encore que j'avais eu soin de fermer le fourneau avant mon départ, sans quoi il est certain que l'École des mineurs n'existerait plus.

Aussitôt le feu éteint, je fus chercher mes creusets, et j'eus la satisfaction de voir mon platine fondu; dans un autre creuset, je trouvai le platine combiné au charbon et formant une fonte analogue à la fonte de fer. Depuis, en m'appuyant sur ce résultat, j'ai cémenté deux morceaux de platine comme on cémente le fer, et je suis parvenu à faire ainsi de l'acier de platine.

M. De Rozière vient d'ordonner qu'on reconstruise la cheminée le plus vite possible pour que je puisse répéter mes expériences, qu'il regarde comme intéressantes; je me propose de chauffer encore plus fortement que l'autre fois.

Quand je considère, mon cher papa, le changement qui s'est opéré en moi pour le genre de vie, depuis mon départ de 1818, je réfléchis et je me pose cette question : Est-ce un bonheur? Autrefois, je passais mes jours auprès de vous, maintenant, je commence à entrer dans le monde. Je puis même dire que je vais dans la bonne société. Est-ce le bonheur? Je crois que non. Il faut, pour se présenter, une mise soignée; je vais bien chez M. Tivet en gris, j'ai même soupé hier soir chez lui, et certainement, si je m'en souviens, j'étais en habit gris et en pantalon gris. Mais quand Madame n'est pas à Lyon, on ne se présente pas en gris, et d'ailleurs, dans d'autres maisons où je suis conduit par des camarades, il faut avoir un certain décorum. Les négociants de Saint-Étienne sont riches et provinciaux : ils tiennent par conséquent à l'étiquette... tout cela fait que j'ai besoin d'un pantalon. L'habit gris n'est plus propre qu'au laboratoire; il me faudrait bien une veste de toile; je n'ai plus de bottes, etc., etc. Si tu ne croyais pas pouvoir m'envoyer de quoi compléter mon habillement, je me retrancherai au laboratoire et n'en sortirai plus. Cela ne sera peut-être pas un mal, et cependant il est agréable d'aller passer son dimanche à la campagne.

Je vais souvent chez un armurier qui a fait beaucoup d'affaires avec le père Fouché-Séguimard ; ils m'ont même quelques obligations en ce que j'ai vérifié le plan d'une campagne qu'ils viennent de céder, et j'ai trouvé qu'on leur allait faire tort de mille francs, et tu dois penser comme on doit aimer quelqu'un qui fait gagner mille francs.

19 mai. — Je crois qu'il me sera impossible d'aller à Paris comme je le pensais hier, tenir ton petit-fils sur les fonts de baptême. M. Beaunier va m'envoyer, dans un mois ou six semaines, sur les aciéries de Rives (département de l'Isère), j'y serai comme élève pour le traitement de l'acier qui se détériore de jour en jour. Je n'aurai qu'à examiner : c'est un poste qui me plaît beaucoup et qui complétera bien les connaissances que j'ai en métallurgie. Rives est l'endroit qui renferme les plus belles aciéries, et à dix lieues de là on construit des hauts fourneaux. Je dois me trouver heureux d'assister à ces constructions. J'y serai logé, éclairé, et j'aurai soixante-quinze à quatre-vingts francs par mois. Je préfère cela à la place de Grenoble, parce que je vais apprendre des choses nouvelles, et qu'étant élève, je reçois un traitement qui pourra me suffire si je parviens à bonifier leurs aciers, ou si seulement je marque de l'attachement à l'établissement.

M. Beaunier me promet beaucoup d'avantages.

Embrasse bien maman, ma sœur, mon frère et Vaudet, ainsi que toute la famille. Je t'embrasse et suis pour la vie ton soumis fils,

BOUSSINGAULT.

J'ai oublié de te dire que j'avais une fausse foulure au poignet.

XIII

Boussingault à son père.

Saint-Étienne, le 3 juillet 1820.

Mon cher papa,

Je ne t'ai pas répondu plus tôt à cause d'un changement qui est survenu dans ma destination, j'aurais dû même attendre une réponse décisive, mais, comme elle doit tarder encore cinq ou six jours, je prends le parti de t'écrire.

Le directeur général a fait parvenir sur tous les établissements de France des circulaires sur le nombre d'élèves disponibles. Déjà la maison Perrier et Cie vient d'écrire à M. Beaunier pour faire choix d'un élève qui aurait terminé maintenant, cet élève serait pour la direction des mines de Lobsann, encore dans leur enfance. Ces mines sont susceptibles d'acquérir beaucoup d'accroissement, et la compagnie se propose d'extraire le soufre, l'alun et la couperose qui abondent dans ces mines, et de former un établissement analogue à celui de Bouxviller et à ceux de Sarrebruck. Elle désirerait donc un directeur qui réunisse aux qualités de mineur des connaissances assez étendues en chimie. Elle s'en rapporte, pour le sujet, au choix de M. Beaunier et lui demande les prétentions de l'élève. M. Beaunier m'a proposé, et vient de leur écrire que je demande comme appointements quinze cents à dix-huit cents francs pour le commencement, qu'ensuite j'exigerai un intérêt en raison des services que je pourrai rendre à l'établissement. Comme M. Beaunier parle pour l'élève, ils me répondront; et j'oubliais de te dire qu'il leur a proposé de m'allouer des frais de voyage pour que je puisse rester quelque temps dans les départements de l'Aisne et du Nord pour visiter des établissements du même genre que celui qu'on me propose de diriger.

Voilà où j'en suis. J'aimerais beaucoup aller dans ce pays, Lobsann est sur la frontière. Je ne serai pas loin de Francfort et je pourrai faire un voyage en Wetzlar. Si je m'accorde, je passerai par Paris en me rendant dans l'Aisne.

J'attends la réponse à la lettre de M. Beaunier.

Si je ne vais pas dans le département du Bas-Rhin,
j'irai à Grenoble, ou plutôt je resterai à Saint-Étienne,
soit attaché à l'École, soit dans une entreprise dont
M. Beaunier m'a parlé.

J'ai reçu les effets que l'on m'a envoyés.

Je me suis mis à apprendre l'allemand.

Je t'embrasse, ainsi que toute la famille, et suis
pour la vie ton fils soumis,

BOUSSINGAULT.

XIV

Boussingault à son père.

Saint-Étienne, le 25 juillet 1820.

Je reçois à l'instant, mon cher papa, ta lettre datée du 21. J'attends toujours avec complaisance la
réponse de la Compagnie de Lobsann. Sans doute que
le retard vient des délibérations de la société. Ce
retard est pour moi très désagréable, car si du moins
je ne comptais pas sur cette réponse, mes vues se
seraient portées sur l'affaire que M. Beaunier m'a
proposée et que tous les professeurs m'engagent à accepter. Pour moi, j'aimerais mieux aller à Lobsann,
et il est probable que j'irai. Mais attendrai-je leur

réponse à Saint-Étienne ; c'est comme tu le jugeras
à propos. Si tu veux que je l'attende à Paris, envoie-
moi dans huit jours de quoi faire le voyage, cinquante à soixante francs me suffiront. J'ai d'ailleurs
besoin de huit jours pour terminer mon travail sur
le platine, qui m'a mené à faire des expériences sur
l'acier ; ce travail m'a donné beaucoup de peine, m'a
demandé un nombre d'expériences infinies, m'a fait
mettre le feu au laboratoire, m'a fait fouler le poignet, m'a fait passer des nuits à lire tout ce qui avait
été fait sur ce sujet. Je crois que si je suis arrivé à
découvrir un fait nouveau, je le paie bien. Il le fallait pour nier ce que Lavoisier et tant d'autres chi-
mistes ont établi sur la transformation du fer en
acier. Toutefois, j'expose mon opinion avec la ré-
serve qui convient à un jeune homme qui peut-être
se trompe. Mon opinion sur l'acier est partagée par
tous mes professeurs, et M. Derozière, qui professe
la métallurgie, croit tellement ce que je ne fais que
soupçonner, qu'il vient de commencer l'analyse
d'une quantité considérable d'aciers d'Allemagne,
d'Angleterre, de France, etc., persuadé d'y trouver
ce que j'ai rencontré dans les aciers fabriqués par
M. Beaunier.

J'espère que la santé de ma sœur est en bon état,
ainsi que celle de sa petite fille, que j'embrasse, ainsi
que maman et toute la famille.

Ton fils soumis,

BOUSSINGAULT.

XV

Boussingault à son père.

Lyon, le 25 août 1820.

Mon cher papa,

Il y a déjà quelques jours que je suis à Lyon ; je connais maintenant parfaitement la ville. J'en partirai demain après avoir vu la Saint-Louis.

J'ai reçu, quand j'allais quitter Saint-Étienne, une lettre de Strasbourg qui m'annonçait mon placement définitif dans les mines de Lobsann. Cette lettre est on ne peut plus raisonnable : outre mon traitement annuel, on me remboursera, sur ma note, mes frais de déplacement et de tournée sur d'autres établissements.

Je pars donc demain pour les mines du Parc, c'est un riche Anglais qui les possède. M. Cavanne, ingénieur en chef des ponts, que je ne connais pas du tout, a eu la bonté de me donner une lettre où il me recommande vivement à M. Taylor. Je ne sais à quoi attribuer la manière excessivement honnête dont il m'a reçu : c'est peut-être aux marteaux et aux pointeroles qui sont sur mes boutons.

Sur l'établissement du Parc, j'attendrai la réponse

et les fonds que j'ai demandés à Lobsann, c'est une avance de deux cents francs. Quand je quitterai le Parc, je me dirigerai dans le département de l'Aisne, en passant par Paris.

Nous sommes partis cinq élèves de Saint-Étienne, pour passer à Lyon, et c'était singulier de nous voir tous en uniforme, sans broderies, un chapeau rond, le sac sur le dos et le marteau sur la poitrine, et, par une chose singulière, le plus petit de nous a une taille de cinq pieds et demi.

Avant de partir, M. de Gallois, ingénieur en chef, m'a remis une lettre de recommandation pour M. Pecht, chimiste distingué et premier pharmacien de Strasbourg, l'autre pour M. Joly, ingénieur des mines de cette ville. On doit m'envoyer encore deux lettres pour ces deux personnes à son adresse.

Il ira sans doute chez nous M. Lelu, élève mineur qui part pour l'inspection des travaux de Létry (Calvados); c'est un de mes meilleurs amis, c'est un jeune homme qui a un cœur excellent, je lui ai même des obligations. Je suis persuadé que tu le recevras comme il faut.

Tu embrasseras maman, ma sœur, Cadet et toute la famille.

Ton fils soumis,

BOUSSINGAULT.

J'espère être à Paris dans dix-huit ou vingt jours.

XVI

Boussingault à son père.

Clermont, le 18 septembre 1820.

Mon cher papa,

J'espérais, comme je te l'avais marqué de Lyon, pouvoir être à Paris douze à quinze jours après la Saint-Louis ; mais cela, comme tu peux le voir maintenant, m'a été impossible.

Je croyais, lors de mon départ de Lyon pour aller sur les mines du Parc, être très près de ces mêmes mines, je me trompais : elles sont situées à l'extrémité du département de l'Ain, c'est-à-dire à l'extrémité de la France.

Mon voyage sur cet établissement a été on ne peut plus satisfaisant et m'a procuré l'amitié du directeur.

Les mines sont sur le bord du Rhône. Il me suffisait de traverser ce fleuve pour être en Savoie. Tu penses bien que j'ai fait quelques excursions dans ce pays.

Un jour, m'étant trop avancé, j'ai été arrêté par les dragons de la Tour qui voulaient absolument me conduire à Chambéry. Grâce à quelques lettres que je portais sur moi, et surtout à mon uniforme, j'en ai été quitte pour la peur.

En remontant le Rhône, à une lieue au-dessus du Parc, j'ai vu sa perte. C'est une chose qui ne vaut pas la peine qu'on en parle tant. J'étais très désireux d'aller à Genève, car je n'en étais qu'à trois à quatre lieues, mais j'ai eu peur de rencontrer des dragons suisses.

Après avoir resté quelques jours sur les mines du Parc, où j'ai été on ne peut mieux traité (je buvais du vin de l'Hermitage à tous mes repas), je me suis dirigé sur le département de l'Isère et suis arrivé à Saint-Étienne, on aurait dit que j'arrivais chez moi. J'y suis resté plusieurs jours.

Maintenant, il y a déjà quelque temps que j'habite l'Auvergne, je m'y plais on ne peut plus, j'y suis avec un ingénieur des mines, professeur de l'École. Nous courons tous les volcans, on dirait qu'ils brûlent encore. Dans le moment où je t'écris, je suis encore rompu d'avoir hier gravi jusqu'à la cime du Puy de Dôme.

Aujourd'hui je vais aller embrasser le Puy de la Roche, et lui dire en pleurant un éternel adieu !

Je compte partir demain pour Paris.

J'ai reçu mon avance de traitement de voyage de la Compagnie. Je suis autorisé par elle à voyager dans le département de l'Aisne.

J'ai vu Benoît à Saint-Étienne, j'ai fait mon possible pour le faire entrer dans une nouvelle verrerie ;

j'espère que cela s'arrangera, il en sera content,
car la place qu'il doit avoir est trop pénible pour
lui.

Tu embrasseras toute la famille pour moi.

Ton respectueux fils.

BOUSSINGAULT.

Tu as sans doute reçu ma malle et une caisse de
minéraux.

XVII

Boussingault à son père.

Strasbourg, 20 décembre 1820.

Mon cher papa,

Je suis arrivé seulement ici le 18 au soir. La cause
de ce retard est que nous avons versé après Château-Thierry, par la rupture d'une roue. A cela
près, mon voyage est on ne peut plus heureux.

Aussitôt mon débarquement à Strasbourg, j'ai vu
M. Dournay, qui m'a reçu avec l'amitié la plus vive

et la plus franche. Je passe mes journées à faire connaissance avec toute la famille, je me trouve tout étonné d'entendre parler à l'entour de moi un langage que je ne comprends pas.

On ne veut pas me laisser aller aux mines avant que les fêtes de Noël soient passées.

Les mines de Lobsann sont à neuf lieues au-dessous du Rhin de Strasbourg et à une distance assez grande du village.

La maison de direction est donc très isolée : j'y serai avec un très aimable homme, M. Berger, qui est caissier. Nous avons une cuisine et une cuisinière, plus un domestique. Quant à la nourriture, elle nous sera en grande partie accordée. L'été, M. Dournay passe la saison, avec son aimable famille, sur les mines : on vit tous ensemble.

On va me monter un laboratoire, de sorte que rien ne me manquera pour passer agréablement mon temps.

Je trouve Strasbourg très intéressant. Les fortifications surtout m'ont présenté quelque chose de neuf.

J'ai vu aussi les personnes auxquelles j'étais recommandé, toutes m'ont très bien accueilli.

Comme je suis très fatigué, je ne t'en dirai pas davantage, tu embrasseras maman, ma sœur, mon frère, etc., et toute la famille.

Tu présenteras mes respects à M. et à Mme Benoist et tu leur diras de tenir la promesse qu'ils m'ont faite de me donner de leurs nouvelles ainsi que de celles de Benoist.

Ton fils,

BOUSSINGAULT.

P.-S. — Mes compliments à M. Guillemin. Voici mon adresse :

« A M. Dournay, rue de la Chaîne, à Strasbourg. Pour remettre à M. Boussingault. »

XVIII

M. A. de Humboldt à Boussingault.

Datée de Paris (1821).

M. de Humboldt est venu offrir ses amitiés à M. Boussingault. Il lui porte deux volumes de son voyage qui traitent du tremblement de terre de Caracas et des expériences sur le lait de *l'arbre de la vache.* M. H. prie M. Boussingault de jeter ces volumes parmi ses livres pour les lire à bord. Il ne peut malheureusement lui offrir l'ouvrage complet, le tout étant (par faillite de librairie) sous le scellé. Si M. B. ne part pas pour Londres demain dimanche, il voudra bien se souvenir de l'aimable promesse qu'il a faite de venir dîner avec M. Humboldt demain entre cinq et six heures. S'il part pour Londres, il fera peut-être le plaisir à M. Humboldt de passer chez lui, pour quelques minutes, soit aujourd'hui entre trois et cinq heures, soit demain matin entre neuf et dix heures.

HUMBOLDT.

Ce samedi.

XIX

Boussingault à son père.

Aux mines de Lobsann, le 9 février 1821.

Mon cher papa,

J'ai reçu dans son temps ta lettre du 15 dernier; je n'y ai pas répondu de suite parce que j'avais reçu mes effets; je profite de quelques instants pour te faire part de ma situation que je trouve heureuse.

Je suis logé sur les mines, c'est-à-dire à un quart de lieue de Lobsann, et à une lieue de Soultz.

Nos mines sont assez avancées dans la forêt, de sorte que je puis dire que je demeure dans une forêt.

Il faut voir les alentours que j'habite pour en avoir une idée, c'est un des plus beaux sites de l'Alsace.

Les travaux des mines de Lobsann sont autres que je le pensais, car ils sont immenses, et les galeries sont très belles ; j'ai eu beaucoup d'occupation pour lever le plan général qui comprenait trentequatre ans de travaux.

Pour mon ménage, je suis commodément, j'ai un domestique mineur, et M. Dournay a placé une bonne cuisinière sur les mines.

Jamais, à entendre dire les Parisiens, je ne devais tant boire de bière qu'en Alsace ; hé bien ! je n'en ai pas encore goûté. Je fais usage d'un excellent vin blanc du pays ; pour le Kirschwasser, j'en bois d'excellent. Je fume du tabac qui n'est pas mauvais, à seize sols la livre.

Mes occupations sont en ce moment très multipliées ; car j'ai affaire aux charpentiers, aux serruriers, au ministre de la marine et aux brigands, oui, aux brigands ; cela ne doit rien avoir d'étonnant quand on sait mon adresse ; d'ailleurs, quand on jouit des agréments de la forêt, on doit aussi en supporter les inconvénients. Cependant, à parler franchement, je ne considère pas la chose comme très plaisante.

Voici le fait : mon commissionnaire revenait le soir de Soultz, où il avait été chercher les dépêches venues de Strasbourg, il fut arrêté à un quart de lieue de Lobsann par deux hommes qui le fouillèrent. Heureusement que ce soir-là il n'avait que deux lettres et du pain (la veille il apportait six cents francs), aussi le laissèrent-ils aller intact, et ce pauvre diable en fut quitte pour la peur; néanmoins cela m'inquiéta et, ce même soir, je mis la mine en état de siège, et nous dormîmes parfaitement tranquilles. Cette nuit, j'ai, selon la coutume que je ne quitterai plus, mis deux paires de pistolets sur ma table de nuit. Je fus réveillé au milieu de la nuit par l'ouverture subite de mon volet, je fus saisi, mais n'en pris pas moins mes armes, et je sautai à bas du lit et... je ne vis rien, si ce n'est que le vent m'avait joué ce mauvais tour. Il n'y avait rien d'impossible à ce que ce fussent des voleurs, car j'apprends que ce matin la gendarmerie vient d'en prendre neuf. Ce sont des bohémiens, avec des déserteurs badois. On est à la recherche du reste de la bande, qui paraît considérable.

Quoique au milieu d'une forêt, je n'ai pas grand'-chose à craindre, parce qu'il suffirait d'une alerte pour voir sortir mon armée souterraine qui, à coups de pics et de masses, aurait bientôt détruit la Bohême tout entière.

Si l'on en excepte les brigands germaniques, vivent les Alsaciens! Je ne donnerais pas un bon Alsacien pour tous les habitants du Midi. Quand je compare les deux pays que j'ai successivement habités, quelle différence! Où me montrera-t-on des villages aussi jolis qu'en Alsace, et cette aisance qui règne chez les paysans? Chez eux, tout, jusqu'à leur costume, est recherché. Nos paysans de l'intérieur sont des brutes en comparaison des paysans alsaciens. C'est surtout dans les villages protestants qu'il faut voir cette propreté extraordinaire et cette instruction généralement répandue. Je n'ai pas un seul mineur qui ne sache lire et écrire en allemand, et à peine, dans le nombre considérable de mineurs existant dans le département de la Loire, en trouverait-on dix qui lisent et qui écrivent leur langue.

Même dans la bourgeoisie, les Alsaciens l'emportent sur les Français, et j'ai déjà vu plus d'une fois. dans de riches maisons, la dame occupée à filer. Oserait-on parler à une Parisienne d'une chose semblable, et à plus forte raison à une de nos provinciales?

Je termine, mon cher papa, en t'embrassant, ainsi que maman, ma sœur et toute la famille.

J'écrirai un de ces jours à Vaudet, pour lui parler affaires.

BOUSSINGAULT.

P. S. — Tu présenteras mes respects à M. et Mme Benoist. J'ai reçu des nouvelles de Jules. Il se porte bien.

2e *P. S.* — C'est une chose terrible que ces attentats qui se renouvellent. Dis à ma petite nièce que ce n'est pas moi qui ai mis le feu au pétard (en même temps tu l'embrasseras). On est ici indigné de ces horreurs.

Mes compliments à M. Guillemin, je lui écrirai un de ces jours.

Voici mon adresse :

« Boussingault, directeur des mines de Lobsann, près Soultz-sous-Forêts, département du Bas-Rhin. »

Je n'ai pas reçu le billet, dont tu me parles dans ta dernière, de M. Benoist. Je désirerais bien savoir à quoi Cadet se destine. Il n'est pas nécessaire que tu affranchisses mes lettres.

XX

M. Thibaud à Boussingault.

Videsac, le 17 mai 1821.

Mon cher ami, on me fait dans ce moment-ci une proposition qui, au premier coup d'œil est séduisante, mais qui demande réflexion. Le directeur général me propose une mission pour l'Égypte, d'après la demande qu'a faite le vice-roi de ce pays de deux Français instruits, l'un en minéralogie, l'autre dans la fonte des métaux, pour 2 ou 3 ans. Ce prince promet de leur assurer un sort avantageux pendant ce temps. Un agent égyptien à Paris est autorisé à traiter des conditions et s'engage à fournir à tous les frais de voyage et de traversée, etc.

Le directeur général me demande si je serais disposé à accepter une semblable mission et les conditions que je désirerais. Je suis loin d'être fixé et sur l'intention de l'accepter et sur la nature des conditions à faire : cela demande mûre réflexion. Il faut aller aux renseignements, etc. ; mais en attendant, et dans le cas où je me déciderais, après examen, à accepter, seriez-vous homme à vous mettre de la partie et à venir avec moi faire de la chimie, de la minéralogie, des exploitations sur les bords du Nil? Je vous avoue que ce serait pour moi un motif déterminant, si j'étais certain de faire cette mission avec vous. Veuillez me répondre de suite, en me donnant un aperçu des conditions que vous mettriez à accepter.

Adieu, tout à vous; votre ami,

THIBAUD.

P. S. — Ne parlez pas de cette affaire jusqu'à ce que ce soit fini.

XXI

M. Thibaud à Boussingault.

Videsac, le 27 mai 1821.

Mon cher Boussingault, je vous ai écrit le 17 de ce mois pour vous faire part de la mission qui m'était proposée et savoir si vous seriez disposé à en faire partie et quelles seraient vos conditions.

Vous trouverez peut-être extraordinaire que, sans attendre votre réponse, me croyant sûr de votre assentiment à tout ce que je proposerais pour vous, j'écrive aujourd'hui au directeur général que j'accepte pour moi et pour vous ; vous m'excuserez, j'espère, en faveur de mes bonnes intentions et de mon amitié pour vous : vous allez en juger par les conditions que je propose en votre faveur.

Je demande la faculté de m'adjoindre, comme suppléant, un jeune Français, bon chimiste, exercé aux manipulations et procédés manufacturiers, élève breveté de l'École des mineurs de Saint-Étienne, et maintenant à la tête d'une exploitation de lignite et d'une fabrique de mastic bitumineux. Son engagement serait de trois ans : son traitement annuel de six mille francs ; il aurait en Égypte un titre et un grade en rapport avec son traitement et l'importance

de ses fonctions ; il aurait la faculté de se retirer à
l'expiration de son engagement, et plus tôt, si l'état
de sa santé l'exigeait.

Les frais de déplacement, de traversée, de retour,
etc., seront à la charge du gouvernement égyptien.

Je demande, en outre, la faculté de séjourner
quelque temps à Paris, pour m'y procurer les renseignements, livres, matériaux, que je croirai utiles
à la réussite de ma mission.

Si toutes les conditions que je propose sont accep-
tées, nous serions au nombre de quatre, savoir : un
de mes amis intimes, élève de l'École polytechnique,
très versé dans les connaissances mécaniques et les
constructions : il serait chargé de la disposition et
construction des usines, machines, etc. Un autre
jeune homme, familiarisé avec les exploitations, bon
géomètre, très habile à lever les plans, et très propre
à conduire des travaux et des ouvriers. Quant à
vous, mon cher ami, votre partie serait celle des
essais chimiques, conjointement avec moi, et je
crois que l'Égypte nous présentera une foule d'ap-
plications heureuses et utiles à faire de nos connaissances, en tirant parti des produits naturels qu'elle
offre à sa surface ou renferme dans son sein. C'est,
je crois, le plus beau côté de notre mission.

Ainsi réunis tous les quatre, possédant à peu près
les diverses connaissances utiles à notre objet, nous
entendant bien, il est bien difficile que nous n'arri-
vions pas à quelque chose de satisfaisant.

Voilà où j'en suis. Je suis sûr déjà des deux autres membres; je crois pouvoir compter sur vous, et j'attends impatiemment que vous me donniez entière certitude à cet égard.

Adieu. Prompte réponse. Je vous embrasse de tout mon cœur.

Votre ami dévoué,

THIBAUD.

XXII

Boussingault à son père.

Aux mines de Lobsann, 28 mai 1821.

Mon cher papa,

Je n'ai pas mis toute la célérité possible à te répondre : cela ne provient pas d'un excès d'occupation, car j'ai amplement le temps d'écrire, de lire et de me promener, mais c'est que, réellement, je n'ai rien du tout à te dire, et ma vie est tellement uniforme que chaque jour se passe, pour moi, comme celui qui l'a précédé. Ce n'est, au reste, selon moi, qu'une bonne manière de passer sa vie, et consentir à rester, ainsi que je le suis, dans un état complet

d'isolement, est plutôt du bon sens que de la résignation ; cependant peut-être ne le pourrais-je pas, si
c'était dans les Alpes, ou tout autre pays, mais, en
Alsace, j'y consens volontiers, et cela est à tel point
qu'on m'a fait des avantages pécuniaires plus grands
que ceux dont je jouis actuellement, pour aller dans
les forges d'un de nos députés. Comme ces forges
sont dans les Vosges, je n'ai pas encore accepté et je
n'accepterai sans doute pas ; une autre raison qui
empêchera aussi que je quitte Lobsann, c'est que
je pense qu'il est bon d'avoir de la constance dans
ce qu'on entreprend et que, quand on est très bien et
qu'on change pour être mieux encore, on peut très
bien se trouver plus mal qu'on n'était d'abord.

Quand je réfléchis sur les trois différentes positions
où je me suis déjà trouvé, c'est-à-dire lorsque j'étais
chez nous, puis à Saint-Étienne, et enfin celle où je
me trouve, j'y trouve une grande différence ; chez
nous, j'étais bien ; à Saint-Étienne, j'étais comme un
garçon, je n'avais pas d'ordre dans mes affaires, je
perdais mon linge, je vivais en dépensant beaucoup,
les gens qui m'entouraient étaient tous dissimulés.
Maintenant, c'est autre chose : j'ai un ménage monté,
je vis très bien, j'ai une domestique qui me fait ma
cuisine, raccommode mon linge, fait la lessive, me
tricote des bas, et je dépense moins qu'à Saint-
Étienne ; enfin ma caisse d'épargne est déjà grosse
de quatre cents francs : il est vrai que maintenant elle
ne grossira plus beaucoup, car je vais, avec mes pre-

mières économies, acheter de la toile pour me faire
des chemises. J'ai aussi le projet d'acheter des livres.
Malgré ces grandes dépenses, il est possible que mes
économies de cette année aillent à six cents francs.
Maintenant, il faut penser que la mine n'a pas encore
de bénéfice et que par conséquent je suis au mini-
mum, que je trouve déjà très raisonnable, car, indé-
pendamment de mon *fixe*, je suis chauffé, éclairé,
j'ai une maison toute montée, un linge de lit et de
table; ensuite, quand M. Dournay vient avec sa petite famille, mon ménage cesse, et je n'en suis pas
plus mal. Il ne faut pas croire, mon père, que dans
mon ordinaire je me retranche quelque chose, au
contraire, on pourrait me reprocher de n'être pas
assez économe, car j'ai toujours trois plats, comme
par exemple, hier, j'ai mangé à mon dîner (je dîne à
quatre heures) le bœuf, du rôti de mouton, et de la
choucroute avec du cochon; aujourd'hui le mouton
et la choucroute seront remplacés par du veau et
des nouilles; je mange tous les jours un ragoût allemand, mais le plus souvent possible de la choucroute, dont je suis fou, je bois du vin blanc, mais
j'ai le projet de faire venir de la bière de Strasbourg.

Quand je suis arrivé ici, il y avait une vieille ser-
vante-maîtresse que j'ai renvoyée, parce que, comme
elle était catholique romaine, elle allait souvent soit
à confesse, soit à la messe, de sorte que le service
de ma cuisine souffrait; je l'ai renvoyée et j'en ai

pris une jeune et protestante : c'est le seul moyen d'avoir des domestiques fidèles.

Une chose qui me désole, c'est la difficulté que j'ai à parler allemand, c'est à ce point que ma servante parle bien français et que moi, je ne puis dire vingt mots de suite, il est vrai que je n'y travaille pas beaucoup. Cependant, je ne perds pas courage, et, aussitôt que je serai en état, j'écrirai une petite lettre à maman. Comme je n'irai à Wetzlar que quand je parlerai allemand, il serait possible qu'ils ne me vissent jamais.

Je voudrais bien, si, comme il est très probable, je me fixe ici, que maman vînt demeurer avec moi, elle serait on ne peut mieux pour sa santé, car la forêt est si belle, que je n'en puis donner une idée, les oiseaux font leurs nids jusque dans les ateliers. En outre, maman me serait bien utile pour interpréter mes ordres, ensuite elle serait près de Wetzlar, car de Wissembourg, il n'y a que quarante-huit lieues.

Je termine en t'embrassant de tout mon cœur, ainsi que maman, ma sœur et toute la famille, et en te priant de dire à maman que, quand tu m'écris, elle pourrait bien achever de remplir le papier blanc que tu laisses toujours en trop grande quantité. Si elle le faisait en allemand, écrit bien lisiblement. cela me ferait encore plus plaisir.

Boussingault.

XXIII

Boussingault père à son fils.

Paris, le 8 juin 1821.

Ta lettre sans date, mon cher fils, m'est parvenue le 23 du mois dernier et, sans un mal de reins, je t'aurais répondu plus tôt; je me hâte de le faire pour ne pas te donner l'exemple de négligence à donner de tes nouvelles. J'espère que tu ne seras plus cinq mois à nous écrire, quoique Guillemin et Vaudet m'ont fait part de leurs lettres. Je suis très content, mon cher Boussingault, que tu continues à te plaire dans ta situation actuelle. Je le suis également sur les réflexions que tu fais sur les différentes positions que tu as passées. Ces réflexions te feront éviter bien des désagréments dont on est susceptible à ton âge et, par ce moyen, vivre heureux. Lorsque l'on est à peu près bien, il faut y rester, et d'après ton récit, il serait difficile de trouver mieux que M. Dournay. Je désire donc que tu y restes, si cependant cela te convient toujours. Ce que tu me dis sur ton ménage est bien. Il est nécessaire de bien vivre; mais, mon ami, il est quelquefois dangereux de se créer des besoins; un revers vient-il? l'homme habitué à plusieurs mets souffre plus que celui qui n'en a jamais eu qu'un seul.

Tu n'ignores pas que je me fais un plaisir de faire relire tes lettres à ton frère, j'ai donc été obligé de rayer les expressions peu convenantes en mêlant le service divin à celui de ta cuisine. Il suffisait de me dire bonnement que tu avais renvoyé ta domestique, vu qu'elle n'avait plus ta confiance, sans tourner en ridicule une religion qui est la tienne et surtout la mienne.

Voilà deux fois que tu me témoignes le désir que ta mère aille demeurer avec toi, qu'elle te serait très utile; mais elle est également utile ici et ton frère en a plus besoin que toi; d'ailleurs, mon cher ami, tu n'es pas chez toi, il n'y a pas de contrat passé pour que M. Dournay te garde toujours; et tu dois sentir que ta mère, qui est chez elle, malgré le plaisir qu'elle aurait de te voir, ne peut quitter le certain pour l'incertain.

La position de ta famille est toujours la même. Nous avons manqué de perdre ta tante Colombe, elle va mieux. Le commerce va bien ici, le bâtiment surtout. Mon bureau est bien augmenté par le régiment qui est à la caserne; enfin tout est très tranquille.

En me rappelant ton épargne, je te conseille de garder le moins d'argent possible et de placer le peu que tu as au Mont-de-Piété; cela te rapporterait. Il existe ici une caisse d'amortissement qui a des actions à 127, qui est le Tiers consolidé. J'en ai acheté une, elle me rapporte déjà 5 p. 100; dans dix ans, elle rapportera 461 francs, tu pourrais y risquer une action.

Tout ce qui compose la famille se porte bien et t'embrasse, ainsi que moi, qui suis ton tendre père,

BOUSSINGAULT.

Liebster Lolo ich bin recht zufrieden dass du meine Sprache lehren darfst Jch hoffe dass wir zusammen nach Wetzlar gehen. Adieu Gott behüte dich von allem Unglük dein Vater ist fast immer Krank Schreibe mir auf deutch.

Deine Mutter.

XXIV

Boussingault à son père.

Aux mines de Lobsann, le 25 juin 1821.

Mon cher papa,

Tu ne te plaindras pas, cette fois, de ma négligence, car j'ai reçu ta dernière, dimanche soir à Soultz, où j'ai passé la journée à faire des visites avec

M. Dournay, qui maintenant est à la mine avec sa femme et sa petite et très nombreuse famille.

Le motif qui m'engage à t'entretenir va te surprendre, car il m'est impossible à moi-même de concevoir comment, après avoir tant de fois promis de ne pas quitter les bons Alsaciens, je suis non seulement consentant à quitter l'Alsace, mais encore la France et, bien plus encore, l'Europe, pour aller servir *les Turcs*.

Tu ne saurais croire comme je me trouve embarrassé, avec quel plaisir j'entreprendrai un aussi long voyage. Que de choses nouvelles à observer? Que de souvenirs je conserverai d'une pareille expédition? Mais, si je reste, que je passerai une vie tranquille! Nulle part je ne peux mieux me trouver qu'ici : maman viendrait passer tous les étés à Lobsann, et l'hiver à Paris. De Lobsann nous irions à Wetzlar, etc. Enfin, ici je puis m'assurer un sort honorable et avantageux. D'ailleurs, comment quitter M. Dournay? Je vois bien qu'il y aurait de ma part une bien grande ingratitude.

Il est temps, maintenant, mon cher papa, que j'en vienne au fait, car, avec les réflexions qui m'ont échappé, tu pourrais me prendre pour un fou. Voici le fait.

Le vice-roi d'Égypte vient de demander au gouvernement français deux hommes instruits dans l'art des mines et la fusion des métaux. M. de Becquey a proposé à M. Thibaud, mon ami, qui a été

mon professeur pendant deux ans, d'accepter cette
mission, en lui donnant la latitude de choisir, parmi
les ingénieurs, où parmi les élèves des mines, son
collaborateur. Voici ce que M. Thibaud me mandait
dans une lettre du 17 mai. Il me demandait, dans la
même missive, si j'étais disposé à partager la gloire
et le péril, et désirait connaître mes prétentions et
conditions.

De Videsac, où est M. Thibaud, il faut dix jours
pour que je reçoive ses lettres. Cependant, comme
il n'attendit pas ma réponse, je reçus de lui une
nouvelle lettre le 27.

Voici textuellement sa lettre du 27, qui te fera
voir où j'en suis avec les Égyptiens[1].

Je n'ai pas répondu à cette dernière, mais bien à
sa lettre du 17, où je lui disais que cela demandait
mûres réflexions. Tu vois cependant comme il agit.
Cela prouve qu'il me connaissait bien. Il est vrai
qu'à Saint-Étienne, si on m'avait fait une pareille
proposition le matin, j'aurais désiré partir le soir.
Ici, ce n'est plus la même chose.

Cependant, quand je réfléchis qu'à vingt-trois ans
j'aurai vu tant de pays, et que je me serai assuré une
existence heureuse, j'ai envie de partir; enfin il se
livre continuellement dans ma tête un combat
entre l'envie d'aller en Égypte et celle de rester sur
les mines.

1. Voir pages 243 et 245.

J'avais appris, il y a déjà quelque temps, par M. Guillemin, que tu allais te retirer. Cette nouvelle m'a fait bien plaisir; mais, par ta dernière, il paraît qu'il n'en est rien, je désirerais cependant bien que cela arrive.

J'ai reçu une lettre de Guillemin, il a remis le bon pour Vaudet, sur M. Pouillet, rue de Cléry, n° 16.

Je vais, peut-être, faire un voyage en Suisse pour examiner divers établissements.

J'ai lu ce que maman m'a écrit en allemand. Je ne me sens pas disposé aujourd'hui à lui répondre; d'ailleurs, depuis que je m'attends à aller en Égypte, je néglige l'allemand. Si maman était venue demeurer avec moi, au moins je n'aurais jamais eu l'idée d'entrer au service de l'Égypte. La maladie de ma tante Colombe m'a fait beaucoup de peine, je suis content qu'elle aille mieux et j'espère qu'elle se rétablira entièrement. Tu l'embrasseras pour moi. J'ai reçu une lettre de Mme Benoist qui m'apprend de bonnes nouvelles. Je lui répondrai au premier moment disponible, car maintenant une commission d'ingénieurs des ponts et chaussées et d'officiers du génie va me tomber sur le dos pour examiner mes produits. Cette commission est nommée par M. Becquey.

Tu me dis que mon frère est changé d'école, cela ne me prouve rien, si ce n'est que tu profites bien mal des moyens d'instruction existant à Paris. A Paris, on doit s'instruire pour rien, une fois qu'on sait lire. Je t'ai souvent parlé de le faire entrer au Conservatoire des Arts. Au moins là, il aurait appris quelque chose de positif.

J'attends des nouvelles de Vaudet. Je t'embrasse. ainsi que maman, ma sœur et toute ma famille. Mes compliments à M. et Mme Benoist.

Voici mon adresse qu'il faut mettre à la rigueur et lettres pour lettres :

« Boussingault, directeur des mines de Lobsann. près Soultz-sous-Forêts (Bas-Rhin). »

Il est immanquable qu'elle me parvienne avec cette adresse.

XXV

M. Thibaud à Boussingault.

Videsac, le 26 juin 1821.

Mon cher Boussingault,

Ma dernière lettre du 27 mai aura, je pense, levé tous vos doutes et vous aura satisfait. L'affaire est en bon train. Le directeur général, par sa lettre du 19 de ce mois, m'annonce qu'il fait part de ma détermination au ministre de l'intérieur et met sous ses yeux mes conditions; il me dit qu'il me fera connaître la réponse aussitôt qu'il l'aura reçue. Je crois qu'elle sera prompte et favorable.

Vous voyez, mon cher ami, qu'il n'y a plus à reculer.

Tenez-vous prêt, procurez-vous tous les renseignements, notez, dessinez ce que vous croirez utile dans un pays où nous serons réduits à nous-mêmes.

Je demanderai probablement un délai de deux ou trois mois pour me procurer tout ce qui nous sera nécessaire, visiter des établissements, acheter les instruments, livres, etc., indispensables.

J'irai d'abord à Paris, où, sans doute, j'aurai le plaisir de vous voir. Nous nous concerterons ensemble sur les mesures à prendre pour assurer notre réussite. Bien entendu qu'une des premières choses à avoir et à demander, sera tout l'attirail d'un laboratoire et livres de chimie.

On m'écrit qu'il y aura à faire des recherches de houille dans la Haute-Égypte. Le sondage pourra peut-être s'employer avec avantage. Je suis bien aise que vous le connaissiez mieux que moi, nous pourrons peut-être l'employer. Prenez note du prix d'une sonde, des frais de sondage dans un terrain déterminé et, si c'est nécessaire, croquez quelques-uns des outils principaux.

Si vous avez, dans votre voisinage, quelques usines à fer, à cuivre, etc., voyez-les le mieux qu'il vous sera possible. Surtout, n'allez pas vous endormir avec les belles et surtout bonnes Alsaciennes. Ménagez votre temps et votre santé ; nous aurons besoin de tout cela.

Adieu, je vous embrasse de tout mon cœur.

Ne parlez pas encore de tout cela, à qui que ce soit, jusqu'à ce que l'affaire soit décidée.

Votre ami dévoué

T.

J'avais écrit à Burdin pour le consulter sur cette mission ; il me dit que Le Boulanger serait tout disposé à venir avec moi ; mais, entre nous soit dit, il n'a pas assez de santé pour une mission de cette espèce, et d'ailleurs, comme chimiste, il ne pourrait nous être utile qu'à l'époque où déjà nous serions fixés sur le but de nos travaux.

A cette époque, si nous sentions le besoin d'un collaborateur tel que lui, j'en ferais la demande au Pacha. Il n'est bon que pour être casé dans un laboratoire ou dans un atelier ; il faut donc attendre qu'ils soient créés. Pour agir activement au dehors, il n'y faut pas compter.

XXVI

Boussingault père à son fils.

Paris, 28 juin 1821.

Ta lettre du 25 de ce mois, mon cher fils, que je reçois à l'instant, m'afflige, et je me hâte d'y répondre pour te détourner d'un pareil projet. Hé quoi! que te faut-il donc pour être heureux? Tu es dans une position charmante, M. Dournay a des égards pour toi. Ses procédés honnêtes, ses conseils, qui sont très utiles à ton âge, et je crois que tu feras bien du chemin pour trouver un semblable hôte, et certes, ce n'est pas avec les Turcs que tu trouveras ce bien-être. Je ne peux me persuader quels motifs t'engagent à quitter une position si heureuse, pour en chercher une imaginaire, dans un climat brûlant, et t'expatrier au milieu de mille dangers, surtout dans le moment actuel où l'empire ottoman est sur le bord de l'abîme. Non, mon ami, je ne te conseille pas de suivre ce sinistre projet; qu'une fausse considération ne te fasse pas accepter les offres de M. Thibaud. Si cet homme ne tient par aucun lien d'amitié à sa famille, ainsi qu'à sa patrie, j'ose me flatter qu'il n'en est pas de même chez toi et que tu te rendras à mes observations. Fais part de mes sentiments à M. Thibaud, et je suis plus que persuadé qu'il changera d'avis à ton égard.

Quant à la perspective que t'offre cet engagement, je ne vois rien de certain. Les Turcs tiennent rarement leurs promesses et, une fois dans le pays, ils sont dans le cas de vous abandonner à votre malheureuse position, et c'est alors que tu regretteras ta situation actuelle. Ainsi, mon cher Lolo, reste avec nous, et le seul regret que tu auras sera de voir des amis courir à leur perte. Pense donc mûrement à ce que je t'écris, et si, malgré mes observations, tu persistes, il ne me restera que les regrets de t'avoir fait instruire pour te faire exiler en te faisant courir mille dangers que tu peux éviter. Réponds-moi donc aussitôt la présente reçue, pour m'informer du parti que tu prendras, et je ne doute pas que c'est celui de rester où tu es.

Ta tante Colombe va mieux. Toute la famille va bien. Notre commerce va bien. La vente du commerce a manqué. Il fallait que l'acheteur achète une seconde commission qui coûte quinze cents francs. Je cherche toujours à le vendre, ainsi que la maison où je demeure, et je donne toute latitude possible.

Je t'embrasse de tout mon cœur. Ne tarde pas à réfléchir sur ma lettre.

Ton tendre père,

BOUSSINGAULT.

XXVII

Boussingault à son père.

Strasbourg, le 24 juillet 1821.

Mon cher papa,

J'ai reçu, dans son temps, ta lettre. J'ai répondu peu après à ma sœur, de laquelle j'attends encore des nouvelles.

Les conseils que tu me donnes, mon cher papa, sont tout à fait dans mon intérêt, et je ne les oublierai jamais, mais ils ne s'appliquent pas à la circonstance où je me trouve. En effet, à te croire, j'irais en Égypte en véritable aventurier. Il n'en est cependant pas ainsi; si je vais en Égypte, je serai envoyé par le gouvernement français, je serai libre à l'expiration de mon engagement, j'aurai, en Égypte, un grade en rapport avec mes fonctions. Je ne partirais pas d'ailleurs sans être bien payé à l'avance de mon voyage. Il n'y a qu'une chose qui m'embarrasse, c'est que je suis bien ici, si heureux, mais si heureux, que je me traite de fou, quand je pense à quitter cette bonne Alsace.

Depuis le beau temps, je ne fais que bien m'amuser; nous sommes allés aux eaux de Niederbronn.

Depuis plusieurs jours, je suis à Strasbourg où je puis bien dire que j'ai passé les plus beaux moments de ma vie.

Demain, à cinq heures du matin, je pars pour faire une course dans le pays de Bade. J'y resterai plusieurs jours pour voir différents établissements.

Je vais faire cette course avec MM. Voltz et Pecht, auxquels j'ai été recommandé. A mon retour, je séjournerai encore quelque temps à Strasbourg, reconduirai quelques personnes à la mine et partirai ensuite pour faire une petite tournée sur les frontières de la Bavière. Je n'irai peut-être pas loin de Wetzlar et, si j'ai le temps, j'irai. Enfin, après ce voyage, je viendrai me constituer prisonnier à Lobsann, pour tout l'hiver, ou bien je me mettrai en route pour l'Égypte, où, selon l'avis que je viens de recevoir, il y a des recherches importantes à faire de mines de charbon, vers les sources du Nil.

Les personnes que je consulte sur mon voyage en Égypte ne me conseillent rien : elles ont peur, en ne m'engageant pas à y aller, qu'un jour, surtout si l'élève qui me remplacera réussit, je ne regrette d'avoir suivi leurs conseils.

Pour rester ici, j'ai deux motifs bien grands : l'un d'eux est le plaisir que j'aurai d'avoir maman avec moi. Elle serait si contente d'aller prendre les eaux, et ça lui ferait beaucoup de bien.

Si j'avais trente ans, si j'avais seulement vingt-cinq ans, je n'hésiterais pas un seul instant à rester ici ; mais j'ai seulement vingt ans, je suis fort et capable de supporter bien des fatigues, et très jeune encore. Je pourrai revenir après avoir beaucoup vu. Voilà pour moi le motif presque déterminant, je dis presque déterminant, parce que jamais incertitude ne fut plus grande que la mienne.

J'espère que maman se porte bien, je le suppose, parce que tu ne me dis presque rien d'elle dans ta dernière. Si je me fixe en Alsace, je vais la chercher et l'emmène avec moi. Quant à ça, c'est une chose décidée avec Mme Dournay. Si je vais en Égypte, elle restera un peu plus longtemps à Paris, mais aussitôt mon retour, elle viendra en Alsace, car c'est dans ce pays que je veux me fixer un jour.

Cadet se porte bien et apprend encore mieux. Toute la famille est sans doute en bonne santé. J'attends des nouvelles de ma sœur au premier courrier. Embrasse bien pour moi sa petite fille.

Adieu, je t'embrasse de tout mon cœur.

Ton fils,

Boussingault.

XXVIII

*M. Beaunier, directeur de l'École des mines
de Saint-Étienne, à Boussingault.*

Saint-Étienne, le 30 août 1821.

Après de longs voyages, je trouve ici, Monsieur,
votre brevet, qui y est arrivé je ne sais trop à quelle
époque. Je vous le fais passer. Vous êtes du très
petit nombre de ceux de mes disciples qui donnent
plus de relief à l'École qu'ils n'en retirent d'elle. Sou-
venez-vous quelquefois d'une institution où vous
avez laissé de si bons souvenirs.

J'étais à Londres quand y est parvenu le numéro
des *Annales de chimie* qui renferme votre mémoire
sur l'acier. C'est le premier sujet dont m'ait entre-
tenu le docteur Wollaston. Il semblait le piquer
assez vivement, et je l'ai trouvé en disposition de
croire que vous n'aviez pas bien cherché le carbone
dans l'acier Clouet; il supposait que vous aviez employé de l'acide nitrique dans vos expériences, et
que le carbone avait passé, déguisé, dans la fonte de
combinaison que Muschett, *je crois*, a appelée tanite.
Je lui ai répondu que vous n'aviez pas fait du tout
usage d'acide nitrique. Au reste, l'acier Clouet a été
fait en France à une époque où nous étions entièrement séparés des Anglais. Ceux-ci ne le connaissaient

pas. J'ai fait, avec M. Faraday, la recherche des mémoires scientifiques français du temps, et il va répéter, au laboratoire de l'Institution royale, toutes les expériences de Clouet. Je me persuade tout à fait que ce sera à votre plus grande gloire.

Je m'accuse beaucoup de n'avoir pas fait une visite à votre respectable famille pendant mon dernier séjour à Paris. Des affaires sérieuses ont absorbé tout mon temps.

Nos derniers concours généraux ont été très satisfaisants. Depuis votre départ, nos cours se sont améliorés et les études ont pris la régularité qui leur manquait. M. Benoist, qui est toujours très zélé, a reproduit le projet d'une association des élèves brevetés; mais ce projet est d'une exécution difficile. Pour mon compte, j'en sens la convenance et je suis prêt à y coopérer de tous mes moyens.

Je vous serai très obligé, Monsieur, de me faire connaître votre situation actuelle, la nature de vos travaux, vos espérances ou projets pour l'avenir.

Je prendrai toujours un véritable intérèt aux choses qui vous touchent.

Recevez, Monsieur, l'assurance de la parfaite considération et des sentiments avec lesquels je suis

Votre très humble serviteur,

BEAUNIER.

P. S. — Je vous prie de m'accuser réception du brevet.

XXIX

M. Gueyniveau à Boussingault.

Paris, ce 1er février 1822.

Monsieur,

Ayant eu l'occasion de vous connaître à Saint-Étienne, et d'apprécier votre instruction et votre capacité, je n'ai pas cru devoir refuser de vous faire part de diverses propositions qui vous conviendront peut-être, s'il entre dans vos projets de quitter la France pour quelque temps,

Vous n'ignorez pas quels avantages vous offrent les deux Amériques après les changements qui s'y sont opérés, et qui sont maintenant consommés.

La paix est rétablie et tous les arts vont s'y naturaliser; il ne faut, pour réussir dans ce pays, que des connaissances, de la conduite, de la jeunesse et de la santé. Vous avez tout cela ; c'est à vous d'examiner et de prendre un parti.

On m'a parlé, en premier lieu, d'accompagner un Américain actuellement à Paris et qui est nommé par le gouvernement du Chili pour créer une École des mines; il a déjà des fonds, il a acheté une partie des instruments, livres, etc., qui lui sont nécessaires.

Il demande quelqu'un qui puisse l'aider et sache bien la chimie, un peu la minéralogie et ce qui est relatif à l'exploitation. Il aurait des appointements fixes, et les frais de voyage pour aller étant payés, il serait également convenu d'une indemnité pour le retour en France, en cas de déplaisance ou pour tout autre motif.

La seconde proposition est celle d'accompagner deux Français au Guatemala, qui ont pour objet d'y fonder des établissements d'industrie ou d'employer des capitaux à l'exploitation des mines. Ils emmènent avec eux une cargaison considérable dont le produit sera employé dans le pays. Ils demandent quelqu'un d'instruit en chimie et dans les arts métallurgiques et minéralogiques. Ils donneraient des appointements et un intérêt dans les entreprises. On les dit fort aimables et il y a toute espèce de sécurité dans les engagements que l'on prendrait avec eux.

Voilà, Monsieur, tout ce qu'on m'a communiqué et détaillé sur l'objet dont il s'agit. Je vous prie de me faire connaître incessamment vos intentions. Si vous étiez disposé à tenter la fortune dans les pays lointains, ce serait certainement une occasion favorable; et dans ce cas, il serait utile que vous vinssiez ici pour voir les personnes auprès desquelles je vous introduirais.

Je serais charmé d'avoir contribué à quelque chose d'avantageux pour vous, et, dans tous les cas,

je vous prie de considérer la commission dont je me
suis chargé comme une preuve de la considération
et de l'attachement de votre très humble serviteur,

GUEYNIVEAU,

rue de l'Odéon, 34.

XXX

M. Beaunier à Boussingault.

Je saisis l'occasion qui m'est offerte de me rappeler au souvenir de M. Boussingault. Il doit bien
se persuader que le sien occupe souvent les professeurs et le directeur de l'École des mines et
que tous lui ont voué la plus sincère affection.

La suite des terrains tertiaires de Lobsann est
fort instructive. Elle a figuré utilement dans les
leçons de gisements.

Tout le monde ici est disposé à faire des vœux
pour l'école du Chili, mais chacun se dit aussi
qu'un pareil projet (bien séduisant!) demande à être
mûrement réfléchi.

Pour mon compte, je me fie, à cet égard, sur le
solide jugement de M. Boussingault.

BEAUNIER.

22 février 1822.

XXXI

M. A. de Humboldt à Boussingault.

Juillet 1822.

Voici, mon cher Boussingault, les petits instruments que je place sur votre table; j'y ajoute des notes horriblement rédigées, mais qui vous seront peut-être utiles.

Quoique notre connaissance ait été bien courte, elle m'a laissé des souvenirs bien agréables; j'espère que mon espoir se réalisera et qu'établi où vous savez, je pourrai vous recevoir dans ma maison et vous offrir tout ce que peuvent les soins de l'amitié.

Mille et mille amitiés.

AL. HUMBOLDT.

Jeudi.

Si par le plus grand hasard vous ne partiez pas demain, venez encore me voir.

XXXII

M. A. de Humboldt à Boussingault.

Paris, 5 août 1822.

Comme vous l'avez désiré, mon cher et excellent
ami, je suis allé chercher M. Roulin pour le prier de
vous porter les obsidiennes, le perlstein, la syénite
et le grès rouge que je renferme dans une petite boîte.
Je n'ai pas eu le plaisir de trouver hier M. Roulin,
mais j'espère le voir aujourd'hui. Une personne pour
laquelle vous avez de l'amitié et qui partagera votre
isolement doit m'intéresser. Les échantillons sont
tout petits, mais ils peuvent vous être utiles. J'avais
placé la veille de votre départ dans votre chambre,
rue Trainée, une lettre, le petit niveau dans un étui
rouge et l'horizon; j'espère que tout cela est venu
entre vos mains. Ayez la bonté cependant de me le
dire dans votre lettre. J'espère que votre trajet à Anvers aura été heureux : je crains que les baromètres
vous aient causé bien de l'embarras. Adieu, encore
une fois adieu, mon cher Boussingault. Puissiez-
vous être aussi heureux que vous le méritez à tant
de titres. M. Gay-Lussac sort de chez moi. Il revient
de Limoges; il m'a parlé de vous et de vos travaux

avec les plus grands éloges. Il se souvient d'avoir eu
le plaisir de vous recevoir et il regrette de n'avoir
pas été ici ces derniers jours pour vous offrir un de
ses thermomètres. Quoique l'avenir soit couvert
d'un nuage, je crois pourtant avoir la certitude de
vous revoir dans cet autre monde, je dis plus, de vous
posséder dans ma maison et de partager vos travaux.
Un établissement dans une des grandes villes des
Cordillères, une belle collection d'instruments, des
appareils météorologiques, magnétiques distribués
à de grandes distances, une centralisation des observations, une correspondance active établie depuis la
Plata jusqu'à Santa-Fé de Bogota, une réunion de
jeunes gens instruits, courageux, actifs, propres à
être employés par les différents gouvernements et à
agir d'après les mêmes vues, beaucoup d'indépendance, des facilités de la part des hommes puissants,
quelque bienveillance en Europe pour se procurer
tout ce qu'il y a de mieux, — cela ne peut rester un
rêve. Il n'y a pas de position qui puisse être plus importante pour les progrès des sciences. Pourquoi ne
passeriez-vous pas, mon cher Boussingault, quelques
années de plus dans une maison où vous trouveriez
toujours de l'amitié, l'estime due à votre rare mérite
et cette indépendance morale sans laquelle il n'y a
pas de bonheur. Si par des accidents imprévus vous
étiez en droit de quitter plus tôt la Nouvelle-Grenade, vous sauriez où l'on serait heureux de vous
posséder.

Agréez l'expression de ma sincère et constante
amitié.

AL. HUMBOLDT.

P. S. — Donnez-moi vos commissions et écrivez-
moi avec cette confiance affectueuse que j'ai en vous.
Mille choses au bon M. Rivero.

XXXIII

M. A. de Humboldt à Boussingault.

Paris, ce 13 août 1822.

Je vous adresse, mon cher ami, le dernier cahier
des Annales. Nous avons pensé, M. Arago et moi,
que cela pourrait vous intéresser avant votre départ,
et nous avons voulu vous prouver que nous nous
sommes occupés de vous. J'ajoute, si la poste veut le
recevoir, sous bande, l'ancien mémoire de M. de Fleu-
rieu-Bellevue sur les volcans; il est sans doute bien
ancien, mais rempli de bonnes choses, bien dignes
d'être rappelées à un excellent esprit comme le vôtre
en face des volcans de Sotara et de Puracé. J'espère
que vous aurez reçu par M. Roulin les obsidiennes.

Votre protégé de Saarbruck est venu plusieurs
fois chez moi, je le place chez Barruel, et je m'occu-
perai de lui comme d'une personne que vous m'avez
léguée.

M. Roulin m'a laissé de lui une impression très agréable. Je lui ai bien recommandé le soin de votre santé. Je me réjouis de le savoir avec vous. Il y a quelque chose de touchant dans le courage de cette jeune femme !

Je crains que vous ne soyez un peu encombré dans le bâtiment. De grâce, écrivez-moi d'Anvers, il me tarde d'avoir de vos nouvelles et je mérite bien que vous accomplissiez ma prière. Tâchons d'arranger notre vie de manière à nous retrouver l'un l'autre. Les nouvelles du Mexique me désolent, mais je ne suis pas homme à perdre courage. Je ne crains point pour Bolivar.

Si toutefois des événements avaient lieu qu'on ne peut prévoir, que cela ne vous empêche pas de faire usage de mes lettres. Vous ajouterez simplement « que je les avais écrites avant de connaître les événements ». C'est un homme très spirituel et je puis compter sur son affection pour moi.

Présentez mes amitiés à MM. Rivero et Roulin et n'oubliez pas une personne qui vous est vivement attachée.

AL. HUMBOLDT.

Adresse :

A Monsieur M. Boussingault, chez M. Parish. Agie et C°. Anvers.

P. S. — Il y a une erreur typographique sur mon profil de Santa-Fé. Vous y trouvez la *température moyenne* de Santa-Fé indiquée 14°,3 cent. Elle est au contraire près de 16°,2 cent. comme le dit ma Géogr. des pl., p. 103.

Caldas la croyait même de 17°,4 cent.

(*Semanario di Santa-Fé*, t. I, p. 50, 83, 290.)

XXXIV

M. A. de Humboldt à Boussingault.

Paris, quai de l'École, n° 26, ce 14 août 1822.

Je ne puis vous remercier assez, mon cher et excellent ami, de la lettre du 9, que je n'ai reçue qu'hier soir. Il me tardait d'avoir de vos nouvelles, et la manière affectueuse dont vous répondez à mon amitié m'a fait le plus grand plaisir. Il faudrait être bien égoïste et bien stupide pour ne pas sentir tout ce qu'il y a de distingué dans votre talent et dans votre caractère.

Je suis peiné, bien peiné des désagréments que vous éprouvez. Je sais, par une longue expérience, combien on trouve le plus souvent l'isolement parfait plus commode que des compagnons de voyage qu'il faut soigner comme des paquets. Je n'avais pas vu votre curé, mais l'autre paquet que j'ai rencontré le soir dans votre appartement m'a paru bien peu civilisé.

Les départs d'Europe sont toujours comme cela, mon cher Boussingault ; vous vous souvenez comment j'ai été pendant deux mois à la vigie de Marseille, pour voir arriver un bâtiment qui devait me conduire à Alger. Une fois embarqué, tout cela s'oublie, et, quoique je sache que vos instruments vous donneront encore bien de l'embarras entre Caracas et Santa-Fé, vous en serez dédommagé par la vue des palmiers, des roches, des montagnes couvertes de neige. A Anvers, vous ne trouvez malheureusement rien de tout cela, et je suis doublement furieux contre le diplomate *aux dîners libéraux*, parce que ce départ intempestif m'a privé du plaisir de jouir plus longtemps d'une société qui m'était devenue si agréable.

J'ai été, de grand matin, dans la maison de M. Zéa. Le secrétaire, M. Favor, persiste à croire que votre bâtiment est à Anvers et que, seulement, vous ne l'avez pas découvert. Il m'a parlé d'une lettre dans laquelle M. Zéa dit que le bâtiment est parti le 31 juillet de Londres pour Anvers. M. Favor assure vous avoir envoyé, par M. Bourdon, l'adresse de la maison à laquelle le bâtiment est consigné, *M. Charles Loyaerts*, à Anvers. Cette maison, dit-il, a aussi ordre de vous donner les fonds qui vous seraient nécessaires.

Lorsqu'il s'agit d'une personne qui m'est aussi

chère que M. Boussingault, je n'aime pas à me reposer sur ces dires; nous sommes payés pour regarder comme un peu incertain tout ce qui vient de la rue de l'Échiquier. Pour ma propre tranquillité, je vous envoie, mon cher ami, un crédit de mille francs que je me suis fait faire par MM. Delessert, banquiers à Paris. MM. Parish et Agie, à Anvers, vous paieront cette somme en entier ou en partie, quand vous en aurez besoin. Je vous conjure, par notre amitié, de ne pas vous gêner et même de prendre cet argent, pour emporter une somme un peu plus forte en Amérique. Ce serait un bonheur pour moi que de vous rendre ce léger service. Vous en feriez plus pour moi. Ne vous pressez pas de me le rendre, vous me le donnerez un jour à Mexico, en platine et en palladium! Je veux être tranquille sur votre tranquillité, je veux que, quel que soit le retard du vaisseau, vous ne soyez pas gêné. Je vous traite comme un ancien ami et je serais au désespoir de vous savoir dans l'embarras.

Je vous fais le petit reproche, mon cher Boussingault, de ne m'avoir pas parlé de M. Agie, pour la maison duquel vous avez une lettre. Ne vous a-t-il donc pas été utile à découvrir votre vaisseau? Je vous ai écrit deux fois, avec M. Roulin et par M. Agie (maison Parish et Agie), mais comment Rivero, Roulin, Bourdon..., vous découvrirent-ils à Anvers? Je pense que le bâtiment, dans le port, vous réunira. D'après la lettre de Zéa, du 31 juillet,

Rivero ne partait qu'entre quatre jours de Londres.

Adieu, mon cher Boussingault; écrivez-moi bientôt, car vous voyez que je suis en peine de vos peines. Donnez-moi vos ordres pour Paris, vous n'y trouverez personne qui fasse plus promptement vos commissions et qui vous soit plus dévoué. Écrivez-moi sans étiquette, il existe des liens de confraternité entre les voyageurs, j'aime à ajouter entre les mineurs, car je me vante toujours d'avoir été maître mineur et d'avoir appris à travailler de mes mains. Mille tendres amitiés.

AL. HUMBOLDT.

P. S. — J'apprends que votre jeune collecteur a eu des difficultés avec les passeports : j'espère pourtant que vous n'en avez pas éprouvé. Je vous répète la prière de prendre l'argent que je vous envoie et de ne pas penser à me le rendre avant le Mexique.

XXXV

M. A. de Humboldt à Boussingault.

Paris, ce 21 août 1822.

Je vous tourmente de mes lettres, mon cher et excellent ami, mais j'aime à vous donner, avant de vous embarquer, ce dernier signe de mon amitié et de mon souvenir. J'ai reçu hier une lettre du général Bolivar, dont j'ai l'*impudeur* de vous envoyer une copie. Elle est on ne peut plus flatteuse ; elle l'est d'autant plus que je n'avais jamais écrit au général depuis 15 ans et que je pouvais être incertain sur l'effet que produiraient les lettres que je vous ai données. Vous verrez que cette incertitude a cessé entièrement. L'homme qui m'écrit spontanément ces lignes vous recevra comme je le désire. C'est un grand point pour moi que d'être rassuré à ce sujet. Car cela contribuera, je l'espère, à l'agrément de votre existence dans cet autre monde.

Rivero m'a écrit une lettre très aimable et remplie d'affection pour vous. J'ai vu par sa lettre que vous lui avez parlé de la précaution que j'ai prise de vous offrir quelques misérables fonds à Anvers. Pour éviter tout malentendu, tout soupçon de plaintes de votre part, j'ai répété à M. Rivero, ce qui est l'exacte vérité, que cette démarche a été toute spontanée de ma part, que votre lettre ne disait pas un mot de plus que l'incertitude de vous voir longtemps seul dans une ville où vous ne connaissez personne. J'espère bien, mon cher ami, que vous avez pardonné à mon zèle et à mon dévouement pour vous la démarche que j'ai faite en vous envoyant ces fonds. Vous savez combien je vous suis attaché et combien j'étais tourmenté de la possibilité seule de vous voir un instant dans la gêne.

Nous enterrons aujourd'hui M. Delambre. M. Fourier sera sans doute secrétaire perpétuel, parce que M. Arago, qui réunirait le plus de voix, ne s'en soucie pas. Avez-vous donné vos ordres pour avoir, à Santa-Fé, les *Annales de chimie* et leur continuation ? Disposez de moi.

Il est possible que vous lisiez bientôt dans les gazettes que j'accompagne le roi de Prusse au Congrès de Vérone et dans son voyage à Naples. Cela ne m'éloignera de mes travaux que quelques mois et ne changera rien dans les projets qui doivent me réunir à vous dans l'autre monde.

De grâce, mon cher Boussingault, écrivez-moi avant de vous embarquer. Vos lettres, vous le savez, me font grand plaisir. Agréez l'expression réitérée de mon tendre attachement.

Al. Humboldt.

P. S. — Mon adresse est toujours à Paris, quai de l'École, 26. Si je pars pour le Congrès, ce ne sera que le 20 septembre. M. Bollmann, qui devait m'apporter la lettre de Bolivar, est mort. C'est le jeune Allemand qui avait tenté de sauver La Fayette à Olmütz et que des spéculations de platine avaient conduit à Bogota.

Mille amitiés à MM. Rivero et Roulin.

Arago me charge de son souvenir pour vous.

Dans la lettre était inclus le billet ci-dessous :

« Cette lettre est de la maison Delessert. M. Agie
est un homme très instruit, qui a été en Chine.

« Faites-moi le plaisir de remettre la lettre, lors
même que vous n'auriez besoin de rien. Le contraire
pourrait blesser M. Delessert.

« AL. H. »

XXXVI

Général Bolivar à M. de Humboldt.

Bogota, nov. 10 de 1821.

Muy dôr mio y respetable amigo,

Mr. Bollmann, que parte mânana para Europa, há que
rido encargarse con placér de estas letras que llevaran
a Vmd. la exprecion de mi recuerdo, de mi afecto y de
mi consideracion. El baron de Humboldt estara siempre
con los dias de la America presentes en el corazon de
los justos apreciadores de un grande hombre, que con
sus osos la há arrancado de la ignorancia, y con su
pluma la há pintado tan bella como su propia natura-
leza. Pero no son estos los solos titulos Vmd. tiene alos
sufragios de nuestros Americanos. Los vasgos de su caracter moral, las eminentes cualidades de su caracter
generoso, tienen una especie de existencia entre noso-

tros; siempre los estamos mirando con encanto. Jo por
lo menos al contemplar cada uno de los vestigios que
recuerdan los pasos de Vmd. en Colombia, me siento
arrebatado de las mas poderosas impreciones. Asi, estimable amigo reciba Umd. los cordiales testimonios de
quien ha tenido el honor de respetar su nombre antes
de conocerlo, y de amarlo cuando le vio en Paris y
Roma.

Soy de Umd. con la mayor consideration y respeto
Su mas obediente servidor

G. B. S. M.

Signé : BOLIVAR.

*Traduction de la lettre du général Bolivar
à M. de Humboldt.*

Bogota, 10 novembre 1821.

Monsieur et respectable ami,

M. Bollmann, qui part demain pour l'Europe, a voulu
se charger avec plaisir de ces lettres qui porteront à Votre
Grâce l'expression de mon souvenir, de mon affection et
de ma considération. Le baron de Humboldt sera toujours avec les jours de l'Amérique présents dans le cœur
des justes appréciateurs d'un grand homme qui avec ses
yeux l'a arrachée de l'ignorance, et avec sa plume l'a
peinte aussi belle que sa propre nature. Mais ce ne sont
pas les seuls titres qu'a Votre Grâce aux suffrages de nos
Américains. Les traits de son caractère moral, les émi-
nentes qualités de son caractère généreux ont parmi

nous une sorte d'existence ; nous les regardons toujours
avec émerveillement. Moi, quand je contemple seulement les traces qui rappellent le passage de Votre Grâce
en Colombie, je me sens ravi par les plus puissantes impressions. Ainsi, estimable ami, que Votre Grâce reçoive
les cordiaux témoignages de qui a eu l'honneur de res-
pecter son nom avant de la connaître et de l'aimer quand
elle l'a vue à Paris et à Rome.

Je suis de Votre Grâce, avec la plus grande considération et le plus grand respect,

Son plus obéissant serviteur,

Bolivar.

XXXVII

M. A. de Humboldt à Boussingault.

Paris, ce 22 août 1822.

Votre très chère lettre du 17 que j'ai reçue hier
soir, mon excellent ami, m'a rassuré sur votre position. Vous voilà donc réunis et prêts à mettre à la
voile. Tâchez de m'écrire encore quelques lignes
avant de quitter notre vieille Europe. Il y a quelque
chose de grave et de solennel dans un tel départ et
j'aime à conserver ce qui me vient des personnes
auxquelles j'ai voué un si vif intérêt. Je vous remercie du fond de mon cœur du ton familier de votre
lettre. Il y a bien encore un *Monsieur* de plus que

dans mes lettres, mais le perfectionnement ne peut être que progressif dans le monde. J'en fais la remarque parce que je tiens à l'égalité parfaite en amitié comme ailleurs. C'est une maladie dont on ne guérit plus à mon âge.

Rivero ne m'avait demandé que les tables d'Oltmans, il ignorait peut-être que ce sont celles du Bureau des longitudes que vous avez. Toutefois je lui en envoie encore aujourd'hui trois exemplaires de même que l'*Économie politique* de Say que vous me demandez. Ordonnez, disposez de moi, mon cher Boussingault : personne n'aime plus à vous servir.

Vous mettez trop de prix à la petite offre que je vous avais faite des fonds chez M. Agie. J'étais tourmenté de l'idée de vous voir dans la gêne un instant. Vous auriez fait tout autant pour moi. D'ailleurs, je trouve bon tout ce qui vient de vous. Si vous ne voulez pas employer cette somme, je dois bien croire que vous n'en avez pas besoin. Comment pourrais-je vous en vouloir ? Honorez-moi toujours de votre confiance, voilà ce qui me rendra vraiment heureux.

J'écris avec ce courrier à M. Rivero, j'avais observé quelque velléité d'un de vos naturalistes de vous accompagner dans le chemin de Pamplona. Je lui ai exposé combien il serait dangereux de céder à ce désir, que vous ne feriez rien pour la *Géognosie*, dans un chemin si intéressant, si vous compliquiez ainsi votre existence. Il vaut beaucoup mieux que vous alliez seul avec M. Rivero et je pense que sur ce point vous serez de mon avis. Combien d'ailleurs cette jolie petite Mme Roulin ne souffrirait-elle pas à cheval dans ce chemin des montagnes?

La route des *Vice-Reines* était bien plus simple et plus courte.

Je n'ai que peu de moments encore puisque le courrier va partir et que je crains déjà que cette lettre ne vous trouve plus. Vous vous êtes engagé pour quatre ans, mon cher ami ; si vous ne vous mariez pas à Bogota, ce qui pourrait vous arriver, parce que vous êtes jeune, spirituel et aimable, et ce que je n'aurais pas le courage de blâmer, vous passerez d'autres longues années avec moi, sous mon toit : voilà mon espoir.

Si l'on ne m'avait pas dépeint à vos yeux comme un homme peu accessible, j'aurais eu le bonheur de vous connaître *cinq mois avant*, nous aurions modifié de loin nos projets l'un et l'autre. Il ne faut pas se plaindre de ce qui est fait, il ne faut penser qu'au parti que l'on peut tirer de l'avenir. Il n'y a que la mort qui peut changer mes projets, j'ai cinquante-deux ans et j'ai l'esprit très jeune encore. Je suis fixé dans ma résolution de quitter l'Europe et de vivre sous les tropiques, dans l'Amérique espagnole dans un endroit où j'ai laissé quelques souvenirs et dont les institutions sont en harmonie avec mes vœux.

Je me suis si souvent trompé dans mes pronostics sur le temps de mon départ que je tremble de prononcer ; mais j'espère pouvoir partir dans 15 ou 18 mois d'ici. Vous voyez que je serai tout établi pour vous recevoir.

Je compte d'abord aller au Mexique, y faire mon établissement et mon centre. Vous savez que des sommes considérables m'ont été données pour l'*Inde*; pour combiner ce *devoir*, j'irais peut-être pour un an de Acapulco aux Philippines, mais je reviendrai à Mexico pour y rester ou si les institutions ne m'y plaisent pas, dans l'Amérique du Sud, plus près de vous. Ainsi j'espère toujours que nous serons réunis.

Adieu, mon cher Boussingault, écrivez-moi si vous avez reçu cette lettre et celle d'hier qui renfermait la lettre de Bolivar. Mille tendres amitiés.

AL. HUMBOLDT.

P. S. — Si vous allez à Panama et moi par Guatemala à Costa Rica, nous pourrions nous voir avant. Vous verrez que le général Bolivar se prêtera à tout ce qui peut m'être agréable et bientôt je lui écrirai pour vous directement.

Quoique j'aie assez de plaisir de revoir le Vésuve et que le voyage avec le roi de Prusse à Naples me paraisse comme un voyage à Saint-Cloud, cela me contrarie un peu. Ce sera de peu de mois et il n'y avait pas moyen de refuser. C'est un témoignage très public de la bienveillance du roi, témoignage

important pour ma famille et la situation politique
de mon frère.

Ne craignez pas d'ailleurs que cela contrarie l'es-
sentiel de mes projets. La vie est compliquée à cinquante-deux ans, on ne fait pas toujours comme on
veut, mais on reste ferme dans le plan général.

Vous pouvez dire là-bas, mais avec doute, que je
viendrai dans l'Amérique espagnole. Cela peut con-
tribuer à vous faire mieux soigner et c'est un grand
point pour moi.

XXXVIII

M. A. Humboldt à Boussingault.

Paris, ce 31 août 1822.

Comme votre lettre m'a rendu heureux, mon cher
ami. J'étais tout triste, car je craignais que vous
soyez parti sans avoir reçu mon dernier envoi et
sans avoir eu le temps de me donner encore une
fois de vos nouvelles avant de quitter l'Europe.
M. Bourdon, qui a été très affairé, m'a dit que vous
étiez plein de santé et aussi plein de bons souvenirs
de moi. Je vous en veux presque de ce que vous ne
m'avez pas donné une partie des commissions dont
vous l'avez chargé. Comment pouvez-vous jamais

craindre d'user de trop de familiarité avec moi? Vous savez combien je vous suis attaché pour la vie.

Je vous envoie de méchantes épreuves de ma *Géognosie*. Vous aviez tout le terrain primitif, tout le terrain de transition, et le grès houiller. Voilà, à présent, tout le reste du terrain secondaire et tout le terrain tertiaire. Il ne manque plus que le terrain volcanique qu'on imprime. Il faut avoir l'abandon de l'amitié que j'ai pour vous pour oser vous envoyer cette épreuve, mais ces méchantes feuilles renferment beaucoup de gisements de la Nouvelle-Grenade, beaucoup de localités qui pourront servir à vous orienter et sous ce point de vue je suis sûr que cet envoi vous sera agréable. Je ne manquerai pas de vous adresser plusieurs exemplaires de l'ouvrage entier. La traduction de M. Rivero me sera très agréable. Vous pourrez, l'un et l'autre, ajouter beaucoup de rectifications et de notes. Je le répète à vous, cher ami, comme je l'écris aujourd'hui à M. Rivero, toute rectification qui me vient de vous me sera agréable. Si mon ouvrage a quelque mérite, c'est dans l'ensemble des vues qui embrassent les formations des deux hémisphères; c'est le premier essai de ce genre; mais un ouvrage qui embrasse tout ne peut être en harmonie avec les idées de chacun. Cela est tout naturel et plus vous vous éloignerez un jour de mes idées d'aujourd'hui, plus j'en conclurai, mon cher Boussingault, que vous avez consulté la nature et vu de vos propres yeux. Ne vous laissez, de grâce, pas influencer par mes gisements : appelez *dessus* tout ce que je dis *dessous*, c'est le véritable moyen de découvrir la vérité.

Je vous enverrai le *Charpentier des Pyrénées* aussitôt qu'il aura paru. Ce sera un très bon ouvrage, mais on n'en a pas même commencé l'impression. Je cite le manuscrit. Quant à M. Say, j'aime sa personne et ses ouvrages et je lui en veux presque de ne m'avoir pas procuré votre connaissance. Que nous aurions débattu de choses sur les Cordillères si j'avais eu le plaisir de vous posséder cinq mois dans ma société !

Les nouvelles du Mexique sont meilleures, on écrit de Cadix que l'empereur Iturbide avait résigné son titre et « s'était fait homme ». On assure qu'il ne s'appelle plus que consul, mais la nouvelle n'est pas certaine. On réunit ici une société qui doit envoyer un fonds de quatre millions pour relever les mines. Il paraît que M. Hamon sera à la tête de l'entreprise. Cela donnera beaucoup d'activité à ce pays.

Je tiens ferme à mes projets et comme vous le devinez très bien, si le Mexique ne me paraît pas tranquille, j'irai vous rejoindre à Quito ; mais, hélas ! ce pays me laisse de cruels souvenirs !

Adieu, mon cher et excellent Boussingault. Je voudrais bien que vous puissiez naviguer sous pavillon américain. Je ne veux absolument pas que vous ayez à vous battre avec des corsaires. Le courage est bon à autre chose. M. Bourdon n'a pas pu me rassurer là-dessus. Soignez bien votre santé et ne m'écrivez pas uniquement sur vos travaux, mais sur tout ce qui regarde l'intérieur de votre vie domestique. N'oubliez pas de me donner encore quelques lignes avant de vous embarquer. Écrivez-moi surtout si vous avez à Paris quelque ami avec lequel vous ayez beaucoup de confiance et auquel je devrais donner de vos nouvelles.

Mille tendres amitiés.

AL. HUMBOLDT.

P. S. — Vous êtes bien adroit si vous pouvez lire mon griffonnage. Peut-être ne savez-vous pas que j'ai le bras droit très malade, d'un mal pris à l'Orénoque en couchant sur des feuilles.

Je pars le 15 ou 18 septembre pour Vérone. J'espère que ce ne sera pas long. Adressez vos lettres toujours à Paris à ma maison.

Je n'oublie pas votre balance de Fortin.

J'ai donné à M. Bourdon le dessin de la carte de la Magdalena.

XXXIX

Boussingault à ses parents.

Anvers, le 27 août 1822.

Mes chers parents,

Vaudet vous a sans doute informés de l'occasion avantageuse qui se présente pour m'embarquer.

Dans la position où je me trouve, je dois profiter d'une telle occasion, puisque j'y trouve une sûreté que peut promettre seulement un bâtiment armé en guerre.

Nous avons 120 matelots bien choisis. J'ai beaucoup regretté de ne pas retourner à Paris pour vous embrasser avant mon départ, mais j'espère que je fais, en n'y allant pas, ce que votre bon cœur m'eût conseillé.

Un autre regret pour moi est de ne pas avoir achevé le voyage que j'avais entrepris il y a quelques jours pour aller à Wetzlar. Il faut le remettre à mon retour en Europe.

Tous nos jeunes compagnons de voyage sont maintenant à Anvers. Nous ne partirons cependant pas avant huit jours. Le capitaine, jeune officier de la marine royale anglaise, qui quitte le service bri-

tannique pour celui de Colombie, a l'ordre de nous
traiter comme des princes. Nous avons pour 7 mois
de vivres, notre trajet doit être de 35 jours. Je me
nourris depuis si longtemps de l'idée d'un grand
voyage que je vous avoue que j'attends avec une
extrême impatience le moment de mettre à la voile.
Ma santé n'a jamais été si bonne qu'à présent; le
repos que j'éprouve ici me dispose très bien aux
fatigues du voyage. M. de Humboldt me continue
ses bontés avec une amitié rare : tous les deux jours
j'ai de ses nouvelles; il vient de m'envoyer la copie
d'une lettre qu'il a reçue du général Bolivar, de sorte
que maintenant il est certain de l'effet que produira
sa recommandation. Dans la réponse qu'il va donner au général, il va encore me recommander d'une
manière plus particulière; il me dit aussi que
MM. Arago et Gay-Lussac s'intéressent à moi.

Vous voyez combien ce voyage doit me sourire :
je ne puis manquer de réussir et, à mon retour en
Europe, j'espère avoir quelques titres qui pourront
servir à me faire placer avec quelque avantage.

On doit nous débarquer, Rivero et moi, à la
Guayra, près Caracas. Nous irons à Santa-Fé par
terre, en restant 3 mois en route; nous avons la plus
belle série d'observations à faire. Quand nous arri-
verons à la capitale, nos amis seront déjà installés
depuis 2 mois; car il est décidé que les naturalistes
iront à Carthagène et qu'ils remonteront la rivière
de la Magdalena où ils auront une infinité de

choses à ramasser, principalement des poissons absolument inconnus dans les cabinets d'Europe.

Tous nos compagnons de voyage sont charmants et très instruits; nous nous promettons une traversée agréable, nous avons une jeune et jolie dame à laquelle M. de Humboldt a bien recommandé ma santé; je ne puis me lasser de vous dire combien cet excellent homme prend intérêt à moi. il veut que, dans mes lettres, je prenne avec lui le ton le plus familier; cela me coûte un peu parce que la différence est si grande entre lui et moi sous tous les rapports que l'intimité me paraît déplacée.

Entre mes compagnons de voyage, M. Roulin, jeune médecin et savant physiologiste, dessine très bien. Il m'a fait l'espièglerie de faire mon portrait pendant le temps où, assis et penché un peu en arrière, je lisais un livre; tout le monde le trouve frappant. Je l'envoie à *meine liebe Mutter;* c'est dans ce costume que je voyagerai dans les Cordillères.

J'ai appris que vous étiez tous à la campagne et que ma sœur avait été très malade; il y a de sa faute, elle veut tout faire par elle-même : voilà le résultat de son économie; j'aime à croire que la campagne lui fera beaucoup de bien; mais vous verrez qu'elle n'y voudra pas rester, à moins que ma lettre n'arrive avant l'idée du retour; alors, pour me faire mentir, elle y restera un mois; tant mieux, si cela peut lui faire du bien.

Poupoule prospère et embellit sans doute ; quand je reviendrai, je suis sûr qu'elle ne me reconnaîtra pas.

Adieu donc, mes chers parents, je vous embrasse de cœur, ainsi que toute la famille.

Je peux encore recevoir de vos lettres à Anvers. Vaudet sait mon adresse. Je reviendrai dans le courant de 1825.

Je vous embrasse tous encore une fois.

BOUSSINGAULT.

Avant de partir, j'informerai Vaudet de l'adresse à laquelle il faut m'envoyer mes lettres.

IMPRIMÉ

PAR

CHAMEROT ET RENOUARD

19, rue des Saints-Pères, 19

PARIS